CAR-MEN 13 Kazuo Morohoshi Toyota Design

Kazuo Morohoshi
Toyota Design

Fulvio Cinti
Marzia Gandini

Black and white images
Marzia Gandini

Automobilia

CAR-MEN

1. Bertone Design Machine
2. Walter de' Silva, Centro Stile Alfa Romeo
3. Sergio Pininfarina, Pininfarina Studi & Ricerche
4. Bruno Sacco, Mercedes-Benz Bereich Design
5. Giorgetto Giugiaro & Fabrizio: Italdesign
6. Patrick le Quément, Renault Design
7. Franco Mantegazza, I.DE.A Institute
8. Chris Bangle, BMW Global Design
9. Centro Stile Lancia
10. Hartmut Warkuß, Volkswagen Design
11. Zagato 1919-2002
12. Michael Mauer, Saab Design Centre
13. Kazuo Morohoshi, Toyota Design

Editore / Publisher / Editeur
Bruno Alfieri

Art Director
Mario Piazza

Redazione / Editors / Rédaction
Valentina Lovetti, Maria Grazia Gargioni

Layout
Clara Barbacini – 46xy studio

Traduzioni / Translations / Traductions
Dialogue International, Anne Claire Ippolito Cerasi

ISBN 88-7960-145-8 CL 41-0477-3

Società per la Storia e l'Immagine dell'Automobile
I - 20149 Milano, via Alberto Mario 16
tel. (+39) 0248021671 / 0248021481 / 0248021428
fax (+39) 0248194968
e-mail: automobilia@tin.it
www.carbooksautomobilia.it

PRINTED AND BOUND IN ITALY
finito di stampare nel mese di marzo 2003
da IPF Industrie Poligrafiche S.p.A. - Maniago (PN)

Sommario

Contents

Sommaire

TOYOTA DESIGN

Toyota: la storia industriale

Toyota: the industrial history

Toyota: l'histoire industrielle

Marzia Gandini

È così normale vedere una Toyota per la strada. Se ne incontrano ovunque, in tutte le parti del mondo. Che siano berline o fuoristrada su cui si sposta da decenni la *middle class* americana, pick-up indistruttibili che fanno ormai parte del paesaggio del continente africano, o piccole compatte nate per sbarcare negli anni Novanta in Europa e conquistarne il mercato. Il Gruppo giapponese è oggi il terzo produttore mondiale, con un volume di oltre cinque milioni di vetture all'anno e, nonostante le condizioni non facili del mercato internazionale, cresce ancora. Fatto straordinario di per se stesso, ma quasi impensabile se si guarda ai presupposti dell'industria automobilistica giapponese, troppo deboli per lasciare immaginare che un giorno nomi come Toyota, ma anche Mitsubishi, Nissan, Mazda, Honda, sarebbero diventati così comuni e familiari nei cinque continenti.
La storia dell'automobile in Giappone è una storia breve, passata dalla prima infanzia all'età adulta all'improvviso, senza i tempi di studio ed evoluzione naturale che hanno avuto quella europea e americana. È una storia che, nel pensiero comune, risale al massimo agli anni Sessanta, all'epoca del boom economico del Sol Levante e dell'inizio

It's quite normal to see a Toyota on the road. You meet them everywhere, all over the world. For instance the saloons and jeeps America's middle class has been travelling about in for some decades now, the indestructible pick-ups that have become a normal part of the scene on the African continent or the compacts designed to take the European market by storm in the nineties. Today the Japanese Group is the world's number three manufacturer with an annual production volume of over five million cars, and it's still growing despite the difficult international market situation. An extraordinary feat indeed, almost inconceivable if one considers the state of the Japanese motor industry in its early years. At the time the industry was so weak it would have been impossible to imagine that one day names like Toyota, but also Mitsubishi, Nissan, Mazda or Honda, would become so familiar on all five continents.
Motoring in Japan has a very short history, a sudden growth from infancy to maturity without the periods of reflection and natural development that have characterised the industry in Europe and America. Most people probably think this history began some time back in the sixties, a period when the country

C'est fréquent de voir une Toyota dans la rue. On en voit un peu partout à travers le monde. Que ce soient des berlines ou des tout-terrain que la classe moyenne américaine utilise depuis des décennies pour se déplacer, des pick-up indestructibles qui font désormais partie du paysage du continent africain, ou de petites voitures compactes nées pour débarquer dans les années quatre-vingt-dix en Europe et conquérir le marché. Le Groupe japonais est aujourd'hui le troisième constructeur mondial, avec un volume annuel de plus de cinq millions de voitures et, malgré les conditions difficiles du marché international, il continue d'augmenter. Fait extraordinaire en soi, mais presque impensable si l'on songe à la situation de l'industrie automobile japonaise, à l'époque bien en retard pour imaginer qu'un jour des noms comme Toyota, mais aussi Mitsubishi, Nissan, Mazda, Honda, seraient devenus si courants et familiers dans les cinq continents.
L'histoire de l'automobile au Japon est une histoire courte, car elle passe de la première enfance à l'âge adulte à l'improviste, sans les temps d'étude et d'évolution naturelle qu'ont eu l'automobile européenne et américaine. C'est une histoire qui, dans l'opinion courante,

Il Centro dell'Advanced Design Toyota di Hachioji, alle porte di Tokyo.

The Toyota Advanced Design Centre at Hachioji, just outside Tokyo.

Le Centre de l'Advanced Design Toyota de Hachioji, aux portes de Tokyo.

Da sinistra. Sakichi Toyoda, fondatore della Toyoda Loom Works Ltd, e il figlio Kiichiro, autore della conversione alla produzione automobilistica.

Left to right. Sakichi Toyoda, founder of Toyoda Loom Works Ltd, and his son Kiichiro, prime mover of the conversion to car production.

delle esportazioni di prodotti *made in Japan* verso i quattro angoli del mondo. Prima, per tutti i costruttori di automobili del paese, è stato un susseguirsi di tentativi, di vincoli, false partenze e divieti. Gli effetti di una storia millenaria di isolamento geografico e culturale non potevano essere cancellati nello spazio di qualche decennio. Seppur con la crescente influenza dei paesi occidentali, si faticava ad accogliere il sistema produttivo già in pieno utilizzo in Europa e negli Stati Uniti e, se Henry Ford nel 1927 costruiva la Ford T Lizzie numero "quindici milioni", l'intera produzione

enjoyed an economic boom and Japan-made products began to be exported to all corners of the earth. Initially the country's car manufacturers all went through a phase marked by trial and error, constraints, false-starts and embargoes. The effects of centuries of geographic and cultural isolation that were impossible to cancel out within the space of a few decades. Despite the growing influence of Western countries, Japan found it hard to adopt the production system already exploited to the full in Europe and the United States. So while in 1927 Henry Ford built the fifteen millionth

remonte au maximum aux années soixante, à l'époque du boom économique du pays du Soleil-Levant et du début des exportations de produits *made in Japan* vers les quatre coins du monde. Auparavant, pour tous les constructeurs automobiles du pays, il y a eu une succession de tentatives, de contraintes, de faux départs et d'interdictions. Les effets d'une histoire millénaire d'isolement géographique et culturel ne pouvaient pas être effacés dans l'espace de quelques décennies. Malgré l'influence croissante des pays occidentaux, on avait du mal à accueillir le système

automobilistica nazionale giapponese del 1930 ammontava a 458 esemplari.
Sarebbero stati necessari molti anni prima che le vetture Toyota si diffondessero in gran numero sul mercato interno e su quello estero, ma l'azienda che negli anni Sessanta e Settanta darà origine al "toyotismo" aveva tracciato una storia lunga e gettato le sue fondamenta ancor prima che finisse l'Ottocento, anche grazie ai prodotti ideati e realizzati dal suo fondatore, Sakichi Toyoda, imprenditore nel campo tessile e inventore, che nella sua persona e nella sua attività rappresenta lo specchio più fedele del Giappone di quei tempi. Sono gli anni della restaurazione Meiji (1867-1912), il periodo del ritorno al potere della figura dell'imperatore che mette fine all'assetto feudale e frammentario dello shogunato, il regime militare che dominava da più di ottocento anni e che aveva reso il paese instabile e facile preda dell'imperialismo occidentale. Si inaugura l'epoca dell'unità nazionale, dell'apertura ai mercati stranieri, della crescita economica, della politica estera aggressiva ed espansionista, dello studio e dell'acquisizione di tecnologie che stavano facendo la ricchezza del mondo industrializzato. I vecchi samurai con la spada, pronti a tutto per onorare e difendere il signore feudale e la sua proprietà, sono soppiantati dai nuovi samurai, imprenditori in giacca e cravatta o lavoratori in tuta blu, pronti a tutto per far prosperare l'azienda e l'economia, servendo e onorando così l'imperatore e la nazione.
All'apice di questo periodo di rinascita e fermento, nel 1890, Sakichi Toyoda presenta una richiesta di brevetto per l'*automatic wooden loom*, il telaio automatico in legno da lui stesso inventato e costruito. È il primo passo per la nascita della Toyoda Loom Works Ltd, inizialmente un'azienda per la lavorazione del cotone, poi produttrice a sua volta di

Ford T Lizzie, in 1930 Japan's entire national car production amounted to a mere 458 units.
Although it would still take many, many years before Toyota cars became commonplace in the domestic market and abroad, the roots of the company that launched "toyotaism" in the sixties and seventies stretched back to before the end of the nineteenth century. This, thanks to products created and produced by the company's founder, Sakichi Toyoda, a businessman and inventor in the textile field who as a man and in terms of his activity admirably reflected the Japanese nation of his time. These were the years of the Meiji restoration (1867–1912), a period that saw a return to power of the Emperor who brought the heavily divided feudal system of the Shoguns to an end. This military regime dominated Japan for more than eight hundred years but in the end the country became unstable and an easy prey for Western imperialism. Now Japan embarked on an age of national unity, an age marked by penetration of foreign markets, economic growth, aggressive and expansionary foreign policy and the study and acquisition of technologies that had brought wealth to the industrialised world. The traditional samurai who had been armed with a sword, ever ready to honour and defend a feudal lord and his property, gave way to a new order of samurai. An army of businessmen in suits and ties or workers in blue overalls eager to help their company and the economy prosper, a way of serving and honouring both the Emperor and the nation.
In 1890, at the height of this period of ferment and rebirth, Sakichi Toyoda applied for a patent for an automatic wooden loom that he himself had invented and built. This was the first step towards the founding of Toyoda Loom Works Ltd, initially a cotton mill and

productif déjà en plein usage en Europe et aux Etats-Unis, et si Henry Ford en 1927 construisait la Ford T Lizzie numéro "quinze millions", l'ensemble de la production automobile nationale japonaise de 1930, elle, n'arrivait qu'à 458 exemplaires.
De nombreuses années furent nécessaires avant que les voitures Toyota se diffusent en grand nombre sur le marché tant intérieur qu'extérieur, mais l'entreprise qui, dans les années soixante et soixante-dix, donnera naissance au "toyotaisme", avait déjà une longue histoire et avait jeté les bases avant même que le XIXe siècle finisse, grâce aussi aux produits conçus et réalisés par son fondateur, Sakichi Toyoda, chef d'entreprise dans le textile et inventeur qui, par sa personnalité et son activité, est le miroir le plus fidèle du Japon de l'époque. Ce sont les années de la restauration Meiji (1867-1912), la période du retour au pouvoir de la figure de l'empereur qui met fin à l'organisation féodale et fragmentée du shogunat, au régime militaire qui domine depuis plus de huit siècles et qui a rendu le pays instable et une proie facile de l'impérialisme occidental.
Commence alors l'époque de l'unité nationale, de l'ouverture aux marchés étrangers, de la croissance économique, de la politique extérieure agressive et expansionniste, de l'étude et de l'acquisition de technologies qui faisaient la richesse du monde industrialisé. Les vieux samuraïs armés d'épée, prêts à tout pour honorer et défendre le seigneur féodal et sa propriété, sont supplantés par les nouveaux samuraïs, chefs d'entreprise en veste et cravate ou ouvriers en bleu de travail, prêts à tout pour faire prospérer l'établissement et l'économie, servant et honorant ainsi l'empereur et la nation.
A l'apogée de cette période de renaissance et de fermentation, en 1890, Sakichi Toyoda dépose une demande de

Page précédente.
De gauche à droite.
Sakichi Toyoda, fondateur de Toyoda Loom Works Ltd, et son fils Kiichiro, auteur de la conversion à la construction automobile.

La prima automobile messa in commercio dalla Toyota fu la AA Sedan, del 1936.

The first car launched by Toyota was the AA Sedan in 1936.

La première voiture mise en commerce par Toyota a été la AA Sedan, de 1936.

macchine per la filatura e la tessitura, che diviene in breve tempo una delle maggiori del Giappone.
Negli anni a cavallo tra i due secoli, Sakichi Toyoda si muove su due strade parallele, potenziando il settore della produzione di filati e tessuti con la costruzione di fabbriche in diverse zone del Giappone, e continuando a migliorare le sue scoperte nel campo della costruzione di macchine tessili. Alcune sue invenzioni rappresentano passi importanti nella tecnologia di allora, come il telaio circolare (1906) o il primo telaio completamente automatico, inventato nel 1924, il cui brevetto viene acquistato nel 1929 dalla compagnia inglese Platt Brothers Ltd. Queste invenzioni e la loro diffusione sul mercato (fino al 1916 le aziende tessili nazionali utilizzavano solo macchine prodotte all'estero, in particolare in Inghilterra) fanno in breve tempo della Toyoda un'industria solida e in piena crescita, ancora

later a producer of textile spinning and weaving machinery, which soon became one of the leaders in its field in Japan.
During the years bridging the turn of the century Toyoda pursued two parallel growth paths: he strengthened the spinning and weaving sector by building factories in various regions of Japan and he continued to improve his inventions in textile machinery production. Some of his inventions made a significant contribution to technology at the time, like the circular loom (1906) or the first fully automatic loom invented in 1924, the patent for which was acquired by the British company, Platt Brothers Ltd, in 1929. These inventions and their acceptance by the market (up until 1916 domestic textile companies had always used imported machinery, mainly from Great Britain) meant Toyoda quickly became a solid, expanding company that is still today one of the world leaders in this sector.

brevet pour l'*automatic wooden loom*, le métier automatique en bois qu'il a inventé et construit lui-même. C'est le premier pas vers la naissance de Toyoda Loom Works Ltd, à l'origine entreprise pour le travail du coton, puis fabricante à son tour de métiers à filer et à tisser, qui devint à court terme l'une des plus grandes du Japon.
Dans les années à cheval sur les deux siècles, Toyoda suit deux routes parallèles, développant le secteur de la fabrication de fils et de tissus avec la construction d'usines dans plusieurs zones du Japon et continuant à améliorer ses découvertes dans le domaine de la construction de machines textiles. Quelques-unes de ses inventions constituent des étapes importantes dans la technologie de l'époque, telles que le métier circulaire (1906) ou le premier métier entièrement automatique, inventé en 1924 dont le brevet fut acheté en 1929 par la compagnie anglaise Platt Brothers Ltd. Ces inventions et leur diffusion sur le marché (jusqu'en 1916 les entreprises textiles nationales n'employaient que des machines fabriquées à l'étranger, notamment en Angleterre) font rapidement de Toyoda une industrie solide et en plein essor, aujourd'hui encore l'une des leaders au monde dans le secteur.
En 1930, une année à peine après avoir célébré le grand succès de la cession d'un de ses brevets à une compagnie anglaise, Sakichi meurt laissant à son fils Kiichiro, âgé de trente-quatre ans, qui travaillait depuis longtemps dans l'entreprise familiale, les rênes de Toyoda Loom Works Ltd. Le secteur textile était en plein épanouissement et les activités de Toyoda bien solides, mais de l'autre côté du Pacifique et en Europe se dessinait toujours plus clairement le rôle de l'industrie qui allait constituer l'affaire du siècle, à savoir celle de l'automobile. Bien que lentement et laborieusement, de petits constructeurs artisanaux

oggi tra le prime al mondo nel settore.
Nel 1930, solamente un anno dopo aver celebrato il grande successo della cessione di un suo brevetto a una compagnia inglese, Sakichi muore, lasciando al figlio Kiichiro, che ha trentaquattro anni e già da tempo lavora nell'azienda di famiglia, il comando della Toyoda Loom Works Ltd. Il settore del tessile è più che fiorente, e le attività della Toyoda ben salde, ma oltreoceano e in Europa si sta delineando sempre più chiaramente la portata dell'industria che rappresenterà l'affare del secolo, quella dell'automobile. Anche se con lentezza e fatica, piccoli costruttori artigianali come la Dat, che diventerà la Datsun, la Ishikawajimine (poi Isuzu) e la Mitsubishi, esplorano il settore nel tentativo di emergere. Il fatto che in parte la grande industria automobilistica sia già presente nel paese non conferisce al Giappone un ruolo di qualche rilievo, perché si tratta di impianti americani, gestiti da americani, che si limitano all'assemblaggio di parti di vetture progettate e costruite negli Stati Uniti. Al contrario, con la concorrenza di aziende dai grandi mezzi come la Ford o la General Motors, che hanno aperto le loro sedi giapponesi rispettivamente nel 1925 e nel 1927, l'indu-

In 1930, only one year after celebrating the success of having sold his patent to a British company, Sakichi died. This left his son Kiichiro, who was then thirty-four and had been working for some time in the family business, in charge of Toyoda Loom Works Ltd. While the textile sector was really flourishing and Toyoda was a very solid company, across the Pacific and in Europe it was becoming increasingly evident what the real business opportunity of the century would be – car manufacturing. Slowly and with much effort small artisan producers like Dat, which later became Datsun, Ishikawajimine (later Isuzu) and Mitsubishi explored this sector in an attempt to emerge. The fact that large-scale car manufacturing was, in part, already present in the country did very little to promote Japan's role in this sector. The plants concerned were American, run by Americans, and activities were limited to the partial assembly of cars designed and built in the United States. And in fact competition from giants like Ford or General Motors, which had launched their Japanese operations in 1925 and 1927 respectively, had suffocated the tiny domestic industry right from the outset.
But then right in the middle of the

comme Dat, qui deviendra Datsun, Ishikawajimine (plus tard, Isuzu) et Mitsubishi, exploraient le secteur dans la tentative d'émerger. Le fait que la grande industrie automobile était déjà en partie présente dans le pays ne constituait pas pour le Japon un atout majeur, parce qu'il s'agissait d'usines américaines, gérées par des Américains, qui se limitaient à assembler des parties de voitures conçues et construites aux Etats-Unis. Au contraire, avec la concurrence d'entreprises disposant de grandes ressources comme Ford ou General Motors, qui avaient ouvert leurs sièges japonais respectivement en 1925 et en 1927, l'industrie nationale était étouffée au départ. C'est le gouvernement japonais qui, en pleine récession mondiale, envoit à l'industrie automobile locale de forts signaux de soutien. En 1930, le Comité pour la Production domestique encourage et appuie la naissance de l'industrie nationale sur une grande échelle. En 1933, année où est fondée Nissan Motor Corporation, Kiichiro Toyoda et la direction de Toyoda Automatic Loom Works Ltd approuvent la décision d'entrer dans l'industrie automobile et commencent à importer des machines de l'Occident. La politique de restrictions pour les fabricants étrangers, par laquelle en 1936 le

Il primo modello di automobile prodotto dopo la pausa bellica, la Toyopet SA del 1947 (a sinistra); il Toyoace del 1954 (a fianco).

The first model produced in the post-war years, the Toyopet SA from 1947 (left); the Toyoace from 1954 (right).

Le premier modèle de voiture construit après l'interruption due à la guerre, le Toyopet SA de 1947 (à gauche); le Toyoace de 1954 (à droite).

La berlina Crown, prodotta nel 1955, dà il via alla diffusione di massa delle automobili Toyota.

The Crown saloon produced in 1955 marked the start of mass marketing of Toyota cars.

La berline Crown, construite en 1955, amorce la diffusion massive des voitures Toyota.

stria nazionale è soffocata in partenza. È il governo giapponese che provvede, in piena recessione mondiale, a mandare all'industria automobilistica locale dei forti segnali di sostegno. Nel 1930, il Comitato per la Produzione Domestica promuove e appoggia la nascita dell'industria nazionale su larga scala. Nel 1933, anno in cui viene fondata la Nissan Motor Corporation, Kiichiro Toyoda e la dirigenza della Toyoda Automatic Loom Works Ltd approvano la decisione di entrare nell'industria dell'automobile e iniziano l'importazione di macchinari dall'Occidente. La politica di restrizioni per i produttori esteri, con la quale nel 1936 il governo nipponico impone alla Ford e alla General Motors un vincolo numerico nella produzione e nell'assemblaggio di veicoli e rivede il regime fiscale per le vetture estere, promette finalmente la possibilità di una rapida espansione dei produttori nazionali. Nello stesso anno viene commercializzata la prima vettura di serie per il trasporto di persone prodotta dalla Toyota, come è stato ribattezzato il ramo automobilistico dell'azienda (nel sistema di scrittura giapponese, la parola "Toyota" contiene otto lettere invece delle dieci di "Toyoda", e in Giappone il numero otto è di buon auspicio). Si tratta della AA

worldwide recession the Japanese Government gave strong indications of its intention to support the domestic car industry. In 1930 the Committee for Domestic Production promoted and gave support to launch large-sale national manufacturing. In 1933, the year Nissan Motor Corporation was founded, Kiichiro Toyoda and the management of Toyoda Automatic Loom Works Ltd decided to enter the car manufacturing sector and began to import the necessary machinery from abroad. Restrictive policies introduced by the Japanese Government in 1936 imposed a maximum car production and assembly limit on Ford and General Motors and tax laws as regards foreign cars were also revised. These measures finally opened up possibilities for the rapid expansion of domestic manufacturers. That same year saw the launch of Toyota's first personal transport vehicle – the company's car sector had been renamed because in Japanese script the word "Toyota" contains eight letters instead of the ten in "Toyoda", and in Japan eight is considered a lucky number. The car in question was the AA that made its debut together with the first Toyota truck, the GA.
A late start that was then also slowed

gouvernement nippon impose à Ford et General Motors une limite numérique dans la production et l'assemblage de véhicules et révise le régime fiscal pour les voitures étrangères, prélude enfin à la possibilité d'une expansion rapide des constructeurs nationaux. Cette même année voit la commercialisation de la première voiture de série pour le transport de personnes construite par Toyota, comme on avait rebaptisée la branche automobile de l'entreprise (dans le système d'écriture japonais, le mot "Toyota" contient huit lettres au lieu des dix de "Toyoda" et, au Japon, le nombre huit est de bon augure). Il s'agit de la AA, qui apparaît en même temps que le premier camion Toyota, le GA.
Un début tardif, qui sera une fois encore ralenti par les faits de l'histoire. Nous sommes en 1938 et, en Allemagne, commence la diffusion de la voiture de masse par excellence, la Coccinelle Volkswagen, alors qu'au Japon arrive un autre grand obstacle au développement et à la fabrication des moyens de locomotion particuliers et accessibles à tous. En août de cette même année, suite à la loi gouvernementale pour la mobilisation générale en vue de la Seconde guerre mondiale, les constructeurs automobiles sont obligés d'abandonner la production

E.A. Adams, direttore dell'Art Center School, California, durante un seminario alla Toyota Motor Corporation nel 1957.

E.A. Adams, director of the Art Center School, California, during a seminar held at Toyota Motor Corporation in 1957.

E.A. Adams, directeur de l'Art Center School, Californie, pendant un séminaire auprès de Toyota Motor Corporation, en 1957.

e, insieme a questa, debutta anche il primo camion Toyota, il GA.
Un inizio tardivo, che verrà ancora una volta rallentato dai fatti della storia. Siamo nel 1938, e in Germania inizia la diffusione della vettura di massa per eccellenza, il Maggiolino Volkswagen, ma in Giappone è in arrivo un altro grande ostacolo allo sviluppo e alla diffusione dei mezzi di locomozione privati e accessibili a tutti. Nell'agosto di quell'anno, in seguito alla legge governativa per la mobilitazione generale in vista della Seconda guerra mondiale, viene imposto ai costruttori di automobili di abbandonare la produzione di veicoli per il trasporto passeggeri. È solo alla fine del conflitto, con il lancio sul mercato dei primi modelli di serie di piccole dimensioni – la Toyota SA del 1947 ne è un esempio – che si può parlare dell'inizio vero e proprio dell'industria automobilistica giapponese.
Kiichiro Toyoda muore nel 1952, senza

down by world events. It was 1938 and Germany launched the car for the masses par excellence, the Volkswagen Beetle, whereas in Japan another enormous obstacle was introduced to the growth and diffusion of private vehicles accessible to all. In August that year the Government passed a law for a general mobilisation of the country as part of the lead up to World War II and this included a freeze on the production of passenger transport vehicles. It was only after the War and the market launch of the first standard compact models – of which the Toyota SA from 1947 was an example – that the Japanese car industry really began to take off.
Kiichiro Toyoda died in 1952, too soon to see the imminent transformation of the car's role, its diffusion on a large scale and the new scenario within which rival brands had to compete. While research into production processes and materials and extending the

de véhicules pour le transport de passagers. Ce n'est qu'à la fin du conflit, avec le lancement sur le marché des premiers modèles de série de petites dimensions – la Toyota SA de 1947 en est un exemple – que l'on peut parler du début proprement dit de l'industrie automobile japonaise.
Kiichiro Toyoda meurt en 1952, avant même d'assister à l'imminente transformation du concept d'automobile, à sa grande diffusion et à l'avènement de nouvelles règles dans la concurrence entre marques rivales. C'est en effet entre la fin des années cinquante et le début des soixante, qu'à la recherche sur les processus de production, sur les matériaux, sur l'extension du réseau de vente, s'ajoute un facteur essentiel de l'automobile, déjà très répandu en Europe et aux Etats-Unis, à savoir le design, composante fondamentale pour la compétition sur les marchés nationaux et internationaux. Des designers occidentaux sont

Il Centro Design di Nagoya sul nascere degli anni Sessanta. In basso, da sinistra, Hiroshi Iwata e Masao Morimoto.

The Nagoya Design Centre in the early sixties. Below, from the left, Hiroshi Iwata and Masao Morimoto.

Le Centre de Design de Nagoya à l'aube des années soixante. En bas, de gauche à droite, Hiroshi Iwata et Masao Morimoto.

avere il tempo di assistere all'imminente trasformazione del concetto di automobile, alla sua grande diffusione e all'avvento di nuove regole nella concorrenza tra marchi rivali. È infatti tra la fine degli anni Cinquanta e l'inizio dei Sessanta che, alla ricerca sui processi di produzione, sui materiali, sull'estensione della rete di vendita, si aggiunge un fattore essenziale dell'automobile, già molto diffuso in Europa e Stati Uniti: il design, componente necessaria per la competizione sui mercati domestici e internazionali. Designer occidentali vengono invitati in Giappone dal Ministero per il commercio e l'industria, tengono seminari, visitano le sedi delle compagnie giapponesi, tra cui ovviamente la Toyota. Gli stessi designer giapponesi si recano in Occidente per studiare i criteri stilistici con cui vengono definite le linee delle vetture di successo. I protagonisti della progettazione di quegli anni saranno per Kazuo Morohoshi, che di lì a poco entrerà a far parte dell'azienda, i maestri più importanti. Si tratta di Masao Morimoto che, arrivato alla Toyota nel 1940 dopo la laurea, è considerato il primo rappresentante del design Toyota; di Mamoru Yaegashi e di Hiroshi Iwata, cui si deve uno dei maggiori successi di quel tempo, la berlina Crown.

sales network continued, an essential factor affecting the Japanese car industry made its appearance in the late fifties and early sixties. Design was a factor already widely recognised in both Europe and the United States. Design became a necessary component for competing in both the domestic and international markets. Western designers were invited to Japan by the Ministry of Trade and Industry to hold seminars and visit the country's manufacturing sites, among which, obviously, Toyota. And Japanese designers also visited the West to study the stylistic criteria adopted to define the lines of successful cars. For Kazuo Morohoshi, who joined the company shortly after this, the leading designers of that time were his most inspiring teachers. Men like Masao Morimoto who joined Toyota in 1940 after university, considered to be the first ambassador of Toyota design, or Mamoru Yaegashi and Hiroshi Iwata who created one of that period's most successful cars, the Crown saloon.

invités au Japon par le Ministère du commerce et de l'industrie, ils tiennent des séminaires, ils visitent les sièges des compagnies japonaises dont, bien sûr, Toyota. Les designers japonais eux-mêmes se rendent en Occident pour étudier les critères stylistiques qui permettent de définir les lignes des voitures à succès. Les protagonistes de la conception de ces années sont pour Kazuo Morohoshi – qui d'ici peu rentrera dans l'entreprise – les maîtres les plus importants. Il s'agit de Masao Morimoto qui, débarqué chez Toyota en 1940 après le diplôme, est considéré comme le premier représentant du design Toyota; de Mamoru Yaegashi et de Hiroshi Iwata, auxquels on doit l'un des plus grands succès de l'époque, la berline Crown.

Un disegno della terza generazione della Land Cruiser, il fuoristrada divenuto un simbolo mondiale.

A sketch of the third-generation Land Cruiser, the cross-over that became a symbol worldwide.

Un dessin de la troisième génération de la Land Cruiser, le tout-terrain devenu un symbole mondial.

Kazuo Morohoshi e la Toyota

Kazuo Morohoshi and Toyota

Kazuo Morohoshi et Toyota

Marzia Gandini

Aerei B29 passano sopra i tetti delle case di legno, sono imponenti e ben visibili da terra perché volano a bassa quota, senza che la contraerea o la flotta giapponesi, troppo deboli, possano costituire una minaccia. Lasciano dietro di sé i lampi e i fragori dei bombardamenti su Tokyo, rasa quasi al suolo dagli attacchi americani durante la Seconda guerra mondiale. Jeep militari pattugliano la città nell'immediato dopoguerra, nel Giappone sconfitto e soggetto alla riorganizzazione in chiave occidentale imposta dall'amministrazione MacArthur.
Così Kazuo Morohoshi, nato nella capitale giapponese nel 1940, ricorda il suo primo incontro con il popolo e la cultura statunitensi. Certo non il migliore inizio di un rapporto che avrebbe segnato a fondo la sua vita e soprattutto la sua carriera. Nel racconto però non c'è quasi traccia della drammaticità di quegli eventi, perché il volto di Morohoshi è disteso e sembra tornare indietro alla inconsapevolezza dei quattro, cinque anni di età, quando era impossibile percepire quanto grave fosse quel carosello di aerei nel cielo e quell'andirivieni di jeep tra le strade del suo quartiere. Tutto gli appariva solo come un grande spettacolo chiassoso, che

B29s droned over the roofs of wooden houses, menacing planes easily visible from the ground as they flew at low altitude, in no way threatened by the weak resistance put up by the Japanese fleet and anti-aircraft fire. In their wake, the flares and bomb-bursts that carpeted Tokyo, a city almost razed to the ground by American attacks during World War II. Military jeeps patrolled the city in the months immediately following the War in a Japan that had been defeated and was now forced to reorganise Western-style by the MacArthur administration.
This is how Kazuo Morohoshi, born in the Japanese capital in 1940, recalls his first encounter with Americans and their culture. Certainly not the best start to a relationship that was to heavily influence his life and, above all, his career. But as Morohoshi tells this story there's almost no sign of the dramatic nature of those events. His face is relaxed and he seems to recapture the innocence of a four or five-year-old, an age when it was impossible to comprehend the gravity of that carousel of planes in the sky and jeeps in the streets of his neighbourhood. Everything seemed to be just one big noisy show, at the same time frightening but

Des avions B29 volent au-dessus des toits des maisons en bois, ils sont imposants et bien visibles de terre parce qu'ils volent à basse altitude, sans que la défense antiaérienne ou la flotte japonaises, trop faibles, puissent constituer une menace sérieuse. Ils laissent derrière eux les éclairs et le fracas des bombardements sur Tokyo, pratiquement rasée au sol par les attaques américaines pendant la Seconde guerre mondiale. Des jeeps militaires patrouillent la ville dans l'immédiat après-guerre, dans le Japon vaincu et sujet à la réorganisation de type occidental imposée par l'administration MacArthur.
Ainsi Kazuo Morohoshi, né dans la capitale nippone en 1940, se souvient de sa première rencontre avec le peuple et la culture des Etats-Unis. Certes, ce n'est pas le début le meilleur pour un rapport qui allait marquer à fond sa vie et surtout sa carrière. Dans son récit, toutefois, il n'y pas a pour ainsi dire la moindre trace du caractère dramatique de ces événements, parce que le visage de Morohoshi est détendu et semble revenir en arrière, à l'inconscience propre aux enfants de quatre ou cinq ans, lorsqu'il était impossible de comprendre la gravité du carrousel d'avions et de ce

Kazuo Morohoshi, all'età di 23 anni, fa il suo ingresso alla Toyota, come semplice operaio.

Kazuo Morohoshi, aged 23, at the start of his career in Toyota as a blue-collar worker.

Kazuo Morohoshi, à l'âge de 23 ans, fait ses débuts chez Toyota, comme simple ouvrier.

In queste pagine. Morohoshi è chiamato al Centro Design nel momento in cui viene decisa la progettazione della Corolla.

On these pages. Morohoshi was assigned to the Design Centre at the very time the decision was taken to design the Corolla.

Dans ces pages. Morohoshi a été appelé au Centre de Design au moment où a été décidée la conception de la Corolla.

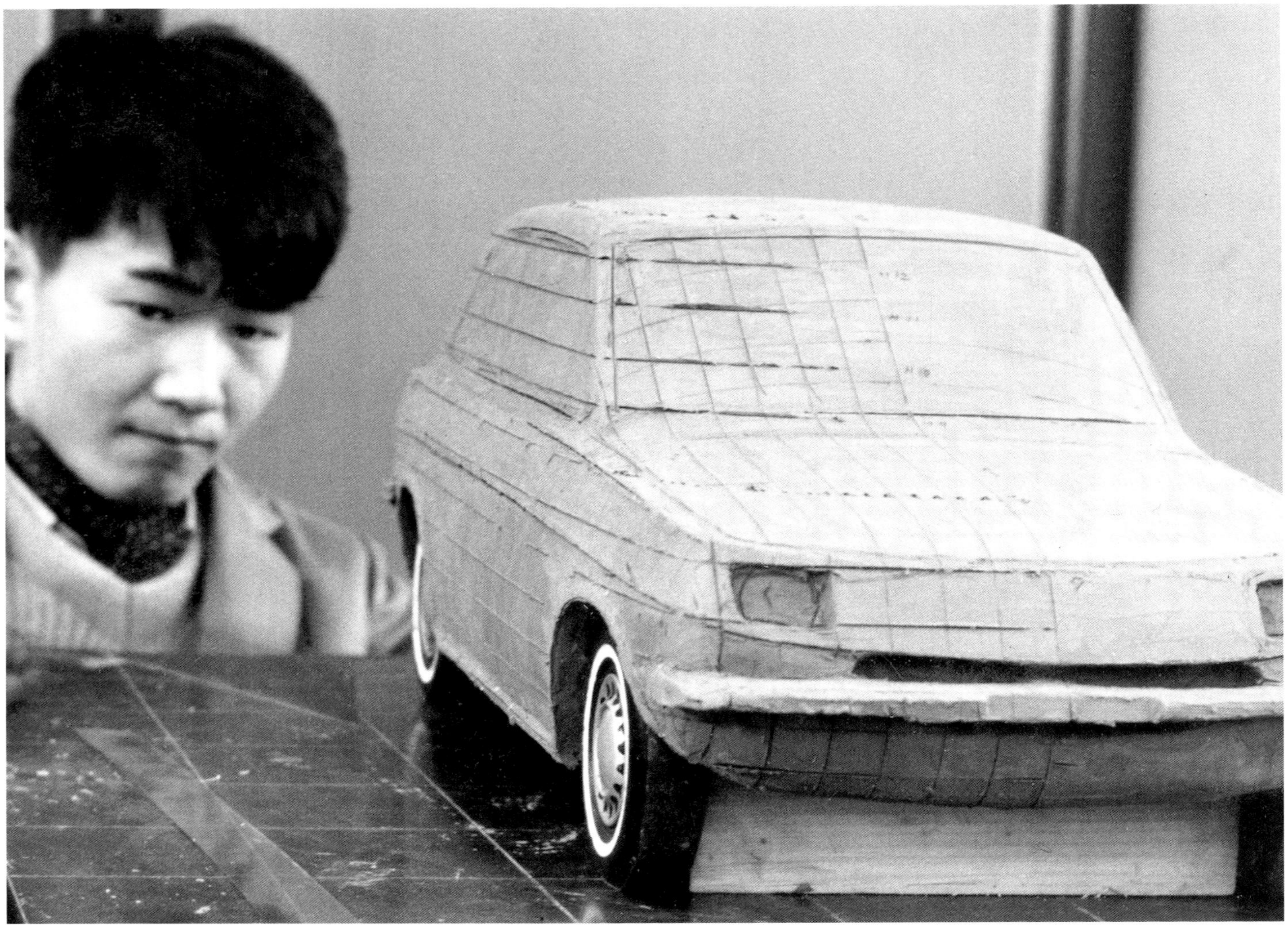

spaventa ma attrae, un gioco stupefacente con oggetti pieni di un fascino esotico e di mistero, dalle sagome mai viste, che guardava passare sopra la sua testa.
Interrompendo il racconto, Morohoshi riflette su come in fondo, in una situazione così violenta, si sia impresso in lui il primo contatto con dei prodotti dell'ingegneria e dell'industrial design americano. E l'impronta è indelebile, perché dai dieci anni in poi non solo vuole, come molti a quell'età, diventare pilota di aerei da caccia, ma pensa a come poter progettare macchine simili a quelle dei suoi ricordi dei primi anni di

alluring, a fascinating game played with bizarre, mysterious objects, shapes unknown to him that he watched passing over his head.
Interrupting his story Morohoshi reflects that despite the violent situation what remains uppermost in his mind is his first contact with products of American engineering and industrial design. And the impression they made was indelible as from the age of ten onwards he not only wanted to be a pilot, like many boys of his age, but he also began to think how he could design machines similar to those seen in the early years of his life. Machines that were so well

va-et-vient de jeeps dans les rues de son quartier. Tout lui apparaissait comme un grand spectacle bruyant, qui à la fois effraie et attire, un jeu stupéfiant avec des objets pleins d'un charme exotique et mystérieux, aux silhouettes jamais vues, qu'il regardait passer au-dessus de sa tête.
Interrompant le récit, Kazuo Morohoshi réfléchit sur comment au fond, dans une situation aussi violente, s'est imprimé en lui le premier contact avec des produits de la technique et de l'industrial design américain. Et l'empreinte est indélébile, parce qu'à partir de dix ans, non seulement il veut, comme

vita, così ben fatte, così perfette, specialmente sotto l'aspetto dell'industrial design, che siano aerei o jeep.
Negli anni del dopoguerra, prodotti meno distruttivi della cultura americana si diffondono in Giappone e portano con sé il design vero e proprio, lo stile di quella cultura, catturando definitivamente l'attenzione di Morohoshi. All'inizio degli anni Sessanta, a ventitré anni, lo ritroviamo infatti con in mano una laurea in industrial design conseguita alla Facoltà di Ingegneria dell'Università di Chiba e un biglietto ferroviario da Tokyo a Nagoya.
Nonostante nella sua città natale si trovi

made, so perfect, especially from the industrial design standpoint, whether they were planes or jeeps.
In the postwar years less destructive products of American culture began to appear in Japan and brought with them true design, the style of that culture, and this really captured Morohoshi attention. At the beginning of the sixties, at the age of twenty-three, he already had a degree in industrial design from the University of Chiba's engineering faculty and a train ticket from Tokyo to Nagoya.
Despite the fact that an already important, fast-growing company like Nissan,

beaucoup d'enfants de son âge, devenir pilote d'avion de chasse, mais il pense aussi à comment concevoir des engins semblables à ceux de ses souvenirs des premières années de vie, si bien faites, si parfaites surtout du point de vue de l'industrial design, qu'il s'agisse d'avions ou de jeeps.
Dans les années de l'après-guerre, des produits de la culture américaine moins destructeurs se répandent au Japon et portent en eux le véritable design, le style de cette culture, attirant définitivement l'attention de Morohoshi. Au début des années soixante, âgé de vingt-trois ans, nous le retrouvons en effet avec en

Un giovanissimo Morohoshi al tavolo da disegno nello studio di progettazione di Nagoya.
A destra. Un disegno della Corolla firmato da Morohoshi (1964).

A very young Morohoshi working at the drawing board in the design studio at Nagoya.
Right. A Morohoshi rendering for the Corolla (1964).

Morohoshi, tout jeune, devant la planche à dessin dans le bureau d'étude de Nagoya.
A droite. Un dessin de la Corolla signé par Morohoshi (1964).

la sede della Nissan, già importante e in crescita, Morohoshi sceglie di andare a qualche centinaio di chilometri di distanza per raggiungere la Toyota, dove ritiene che lo studio e l'attenzione per il valore del design siano all'avanguardia rispetto ad altri costruttori. Durante gli studi ha imparato e capito come la qualità della forma sia essenziale per essere competitivi con la concorrenza; ha seguito gli insegnamenti dei suoi professori dell'università, come Michitaka Yoshioka, che aveva soggiornato negli Stati Uniti ed era tornato in patria per introdurre il concetto di design appreso laggiù; ha incontrato designer occidentali e studiato i motivi del successo dei prodotti americani in tutto il mondo.
L'arrivo nella prefettura di Aichi, alla sede della Toyota Motor Corporation, nonostante la laurea appena guadagnata, non significa subito prendere la matita in mano e sedersi al tecnigrafo. Prima di tutto significa un periodo di lavoro come

was headquartered in his native city, Kazuo Morohoshi decided to move a few hundred kilometres away to join Toyota, a company he believed was more advanced in the study of design and more attentive to its values than other manufacturers. During his studies he had understood how the quality of form is an essential factor to remain competitive. Concepts he had been taught by, for instance, Professor Michitaka Yoshioka who had lived in the United States and then returned home to introduce the design concepts he had learnt there. A man who had met with Western designers and studied why American products were so successful throughout the world.
But despite the degree he had recently obtained, when Morohoshi arrived in the Prefecture of Aichi at the headquarters of the Toyota Motor Corporation it didn't mean he could immediately sit down at the drawing board and start

main un diplôme d'industrial design obtenu à la faculté d'ingénierie de l'université de Chiba et un billet de chemin de fer de Tokyo à Nagoya.
Bien que sa ville natale accueille le siège de Nissan, déjà important et en pleine croissance, Morohoshi a choisi d'aller à quelques centaines de kilomètres de distance chez Toyota où, d'après lui, l'étude du design et l'attention à l'égard de sa valeur sont à l'avant-garde par rapport à d'autres constructeurs. Pendant ses études, il a appris et compris que la qualité de la forme est essentielle pour être compétitifs, il a suivi les enseignements de ses professeurs de l'université, comme Michitaka Yoshioka, qui avait séjourné aux Etats-Unis et était revenu pour introduire le concept de design tel qu'on le lui avait enseigné là-bas; il a rencontré des designers occidentaux, étudié les raisons du succès des produits américains dans le monde entier.
L'arrivée dans la préfecture d'Aichi, au siège de Toyota Motor Corporation, malgré le diplôme tout récent, ne signifie pas prendre tout de suite le crayon en main et s'asseoir devant la machine à dessiner. Tout d'abord, cela veut dire une période de travail en tant qu'ouvrier – c'est la règle pour tout le monde, indépendamment du degré d'étude ou de la qualification que l'on possède – qui pour Morohoshi dure un an et qui lui est utile pour comprendre à partir de la base la structure et le fonctionnement de l'entreprise. Entre-temps, au Centre de Style voisin, on planifiait le développement d'une nouvelle voiture compacte qui allait s'appeler Corolla, et qui allait se révéler l'un des modèles majeurs de ces années, chef de file d'une longue série de descendants qui se propageront partout, tant à l'intérieur du pays que dans le monde, et qui constitueront une page importante de l'histoire du constructeur japonais. Au

Aug. 28

Un figurino di ricerca
e il modello in clay
in scala 1:1 della Corolla.

An exploratory
rendering and the
1:1 scale clay model
of the Corolla.

Un croquis de recherche
et la maquette en clay
à l'échelle 1:1 pour
la Corolla.

Morohoshi al lavoro su un modello in clay in scala 1:1.

Morohoshi working on a 1:1 scale clay model.

Morohoshi au travail sur une maquette en clay à l'échelle 1:1.

Lo staff del design Toyota a bordo del modello degli interni della Corolla: Kazuo Morohoshi è il primo da destra.

The Toyota design staff inside a mock-up of the Corolla's cabin (Morohoshi is first on the right).

L'équipe de design Toyota à bord de la maquette de l'intérieur de la Corolla (Morohoshi est le premier à droite).

operaio – è la regola per tutti, non importa quale grado di studi o qualifica si possieda – che per Morohoshi dura un anno e che gli è utile per comprendere dalla base la struttura e il funzionamento dell'azienda. Intanto, al Centro Stile poco lontano, si stava pianificando lo sviluppo di una nuova vettura compatta – la futura Corolla – che si sarebbe rivelata uno dei modelli più importanti di quegli anni, capostipite di una lunga serie di discendenti che si diffonderanno ovunque, sia all'interno del paese che nel mondo, e che scriveranno un capitolo corposo della storia della Casa giapponese. Nel momento esatto in cui

designing. First he had to work in the factory – a rule that applied to everyone, whatever studies they had undertaken or qualifications they had achieved – and in Morohoshi's case this lasted one year, an experience he found useful and that gave him an understanding of the company's structure and operation from the bottom up. Meanwhile at the nearby Design Centre plans were being laid for the development of a new compact car to be called the Corolla. This was to become one of the most important models of that period, founder of a long family of descendants that became popular both domestically

moment même où la direction donne le feu vert à la conception de la Corolla, à la fin de 1963, Morohoshi est assigné au département chargé du projet, chose très rare pour quelqu'un qui vient d'arriver. C'est l'homme qu'il faut, à point nommé, et à quarante ans exacts de distance il y a encore une voiture qui porte ce nom, sur laquelle ont voyagé des centaines de milliers de Japonais, deux générations d'Américains et qui, précisément, à cette époque, connaît un grand succès en Europe aussi.
Un résultat certainement difficile à imaginer alors, et si on lui demande de revenir en arrière et de juger aujourd'hui

la dirigenza dà il via libera alla progettazione della Corolla, alla fine del 1963, Morohoshi viene assegnato al reparto che svilupperà il progetto, cosa assai rara per un nuovo arrivato. È l'uomo giusto, è il momento giusto e, a quarant'anni esatti di distanza, esiste ancora una vettura che porta quel nome, sulla quale hanno viaggiato centinaia di migliaia di giapponesi, due generazioni di americani, e che proprio in questo periodo conosce un grande successo anche in Europa.
Un risultato certo non facile da immaginare allora, e se gli si chiede di tornare a quei tempi e di giudicare oggi l'industria automobilistica giapponese dell'epoca in cui ha iniziato a lavorare come designer, Morohoshi ricorda come l'intero sistema fosse sbilanciato rispetto ai produttori occidentali. Era certo un periodo entusiasmante per la quantità di cose da scoprire e da esplorare in un mercato di grandi potenzialità, che si stava aprendo verso l'esterno, e le vetture che si producevano raggiungevano ottimi livelli di qualità, ma erano quasi sempre prive di equilibrio nelle linee, sproporzionate, spesso disarmoniche nei volumi. L'obiettivo principale all'epoca era dunque capire come doveva essere definita la forma di un'automobile. E proprio pensando a questo, Morohoshi considera come allora fosse lontana la possibilità che un giorno una Toyota potesse apparire nel centro di Roma o di Parigi. Se nessuno poteva prevedere che la Marca avrebbe avuto una tale diffusione in patria, era quasi impensabile che un prodotto *made in Japan* diventasse così conosciuto all'estero.
La Toyota Corolla di produzione debutta in anteprima nel 1966, esposta davanti al Sony Building, nella capitale nipponica e, pochi giorni dopo, lo stesso Morohoshi è incaricato di presentare la vettura sullo stand Toyota al Tokyo Motor Show. L'accoglienza è molto positiva,

and worldwide, and would represent a voluminous chapter in the Japanese manufacturer's history. At the very time management gave its approval to proceed with design towards the end of 1963, Kazuo Morohoshi was assigned to the department responsible for the project, a rather rare thing for a new arrival. He happened to be the right man at the right time. And exactly forty years on there's still a car of that same name, a car in which hundreds of thousands of Japanese and two generations of Americans have travelled and that today is now enjoying great success in Europe too.
Certainly a result that would have been difficult to imagine back then. When asked to give an opinion with the benefit of hindsight on the Japanese car industry at the time he began to work as a designer, Morohoshi recalls that compared with Western manufacturers the entire system was off balance. It was certainly an exciting time given the number of avenues to explore and things to discover in a market with great potential. A market opening up to the outside, where cars produced were very high quality but almost always lacked equilibrium in terms of line. Ungainly cars, often lacking harmony as far as volumes were concerned. So the main objective then was to understand how the shape of a car should be determined. And reflecting on just this Morohoshi comments that at the time the possibility of seeing a Toyota in the centre of Rome or Paris was a long way off. Certainly no one then could have imagined how successful the brand would become at home and it was almost unthinkable that a Japan-made product would one day be so well-known abroad.
The production Toyota Corolla was previewed in 1966 in front of the Sony Building in the Japanese capital, and

l'industrie japonaise de l'époque où il a commencé à travailler comme designer, Kazuo Morohoshi se souvient de la disparité qui existait entre le système japonais et celui des constructeurs occidentaux. C'était, bien sûr, une période enthousiasmante pour la multitude de choses à découvrir et à explorer sur un marché de grandes potentialités, qui était en train de s'ouvrir à l'extérieur, et les voitures que l'on construisait atteignait d'excellents niveaux de qualité, mais avaient des lignes déséquilibrées, disproportionnées, et des volumes souvent dépourvus d'harmonie. L'objectif principal à l'époque était

Il prototipo finito della Corolla berlina (1966): questa vettura segnerà la diffusione in massa del marchio Toyota negli Stati Uniti.

Finished prototype of the Corolla saloon (1966): this car was to launch mass marketing of the Toyota brand in the United States.

Le prototype achevé de la Corolla berline (1966): cette voiture marquera la diffusion massive de la marque Toyota aux Etats-Unis.

ma si tratta solo di un preambolo al grande successo commerciale che la vettura avrà nell'immediato futuro. Intanto, il design Toyota ha esplorato le possibili estensioni del successo della Corolla mediante le versioni station wagon e Sprinter e la diffusione della vettura ha potuto raggiungere un pubblico molto più vasto rispetto ai precedenti prodotti. Sono gli anni del grande fermento creato dal boom economico e l'automobile sta diventando un bene accessibile alle masse. Il governo giapponese favorisce in misura sempre maggiore l'esportazione dei prodotti nazionali all'estero, per la diffusione internazionale della cultura e del commercio. Nel campo del design si rende necessario comprendere le tendenze dei mercati verso i quali si dirige l'espansione.

Pur rimanendo alle dipendenze della Toyota, nel 1969 Morohoshi parte per gli Stati Uniti, per un anno di studio all'Illinois Institute of Technology (IIT),

then a few days later Morohoshi himself was appointed to present the car on the Toyota stand at the Tokyo Motor Show. It received a very positive reception but this was only a foretaste of the great sales success the car achieved shortly afterwards. As a result the Toyota design team explored possible ways to extend the Corolla's success by coming up with a station wagon and Sprinter version, which meant the car could appeal to a much vaster public than previous products. These were years of great ferment created by the economic boom and cars were becoming accessible to the masses. The Japanese Government increased its support for exports of domestic products in an effort to promote the country's culture and trade internationally. In the design field it became necessary to understand trends in the markets targeted for this expansion.

Still employed by Toyota, in 1969 Morohoshi left for the United States to study

donc de comprendre comment définir la forme d'une voiture. Et c'est justement en pensant à cela que Morohoshi considère combien lointaine était à l'époque la possibilité qu'un jour une Toyota puisse apparaître dans le centre de Rome ou de Paris. Si personne ne pouvait prévoir que la marque allait avoir une telle diffusion intérieure, il était pratiquement impensable qu'un produit *made in Japan* devienne si connu à l'étranger.

La Corolla de série fait son apparition en avant-première en 1966, exposée devant le Sony Building, dans la capitale nippone et, quelques jours après, Morohoshi est chargé de présenter la voiture sur le stand Toyota au Tokyo Motor Show. L'accueil est des plus favorables, mais il ne s'agit que d'un préambule au grand succès commercial que la voiture aura dans le futur immédiat. Entretemps, le design Toyota avait exploré les extensions possibles du succès de la

Institute of Design, dove può approfondire e mettere in pratica i concetti appresi durante l'università e i primi anni della sua carriera, come l'importanza fondamentale di una cultura internazionale nel design dei prodotti di largo consumo. Soprattutto però in questo primo soggiorno statunitense, Morohoshi si scontra con gli aspetti più immediati, forse banali ma essenziali, della società. Le grandi linee della cultura americana si trovavano sui libri, nei film, nell'informazione, ed erano già largamente diffuse in Giappone. Si trattava però solamente di teoria, di racconto astratto e lontano dalla mentalità e dalla formazione di Morohoshi. L'anno trascorso all'IIT è, oltre che un'occasione di studio, un periodo di intensa esplorazione della società, di viaggio in automobile attraverso gli stati americani, di osservazione della gente, degli aspetti elementari della vita e della cultura di quei luoghi. E così Morohoshi si sofferma sui

for one year at the Illinois Institute of Technology (IIT), Institute of Design. An opportunity for him to further explore and put into practice notions learned at university and during the early years of his career, like the basic importance of an international culture in the design of consumer goods. But above all this first stay enabled Morohoshi to come to terms with the most immediate, perhaps obvious, but essential aspects of American society. A broad outline of American culture could be found in books, films and other media that were already widely available in Japan. But this was only theory, an abstract account far removed from Morohoshi's mentality and training. The year spent at the IIT was not only an opportunity for study but also a period of intense exploration of society. He took car trips through the states of America to observe the people and the fundamental aspects of life and culture

Corolla avec les versions station wagon et Sprinter et la voiture pouvait atteindre un public plus vaste que celui des précédents produits. Ce sont les années de grande effervescence due au boom économique et l'automobile devient toujours plus un bien accessible aux masses. Le gouvernement japonais favorise de plus en plus l'exportation des produits nationaux à l'étranger, pour la diffusion internationale de la culture et du commerce: dans le domaine du design il faut comprendre les tendances des marchés de destination des produits.
Tout en restant aux dépendances de Toyota, en 1969 Morohoshi part aux Etats-Unis, pour une année d'étude à l'Illinois Institute of Technology (IIT), Institute of Design, où il peut approfondir et mettre en pratique les concepts appris à l'université et les premières années de sa carrière, comme l'importance fondamentale d'une culture internationale dans le design des produits

Il prototipo della versione Sprinter (1966).

Prototype of the Sprinter version (1966).

Le prototype de la version Sprinter (1966).

dettagli apparentemente più insignificanti, constatando, per esempio, come la misura media del piede nella popolazione americana – e di conseguenza dei pedali nei comandi delle automobili – sia di gran lunga maggiore rispetto a ciò che in Giappone è la normalità. In generale questa osservazione lo porta a rivedere le dimensioni e la concezione degli spazi, di vuoti e ingombri, nelle auto come nelle città o nel sistema stradale, profondamente diverse da quanto ha sempre visto nel suo paese.
Il rapporto con la società americana, fino ad allora svoltosi in modo indiretto attraverso studi, seminari in Giappone, analisi di teorie, inizia in questo momento a diventare materia viva per Morohoshi, innescando in lui un processo di profonda conoscenza diretta di questa cultura, che lo porterà a essere, come è oggi, uno dei designer giapponesi in cui la fusione tra Oriente e Occidente è meglio riuscita.

in those places. And so Morohoshi focused on what might seem more insignificant details, observing, for instance, how on average Americans had much larger feet than the Japanese and consequently car pedals were larger too. On a general level this observation led the Japanese designer to revise his idea of dimensions, his concept of spaces, whether empty or filled, in cars, but also as regards towns or road systems, which were vastly different from what he was used to in his own country.
Up to then his relationship with American society had been indirect, based on study, seminars in Japan and theoretical analysis. But from that moment on it began to be a real-life subject for Morohoshi. It sparked off a process that helped him acquire a direct, in-depth understanding of this culture and made him what he is today – one of the Japanese designers to best express a fusion between Western and Eastern cultures.

de grande consommation. Mais, pendant ce premier séjour aux Etats-Unis, Kazuo Morohoshi se heurte aux aspects les plus immédiats, sans doute banaux mais essentiels, de la société. Les grandes lignes de la culture américaine se trouvaient dans les livres, dans les films, dans l'information et étaient déjà largement connues au Japon. Il s'agissait cependant uniquement de théorie, de récit abstrait et loin de la mentalité et de la formation de Morohoshi. L'année passée à l'IIT est non seulement une occasion d'étude, mais aussi une période d'exploration intense de la société, de voyage en voiture à travers les états américains, d'observation des gens, des aspects élémentaires de la vie et de la culture de ces lieux. C'est ainsi que le jeune japonais s'attarde sur des détails apparemment plus insignifiants, constatant par exemple comment la pointure moyenne du pied dans la population américaine – ce qui influe sur la

Al ritorno in Giappone, riprendendo il suo lavoro al Centro Stile di Nagoya, Morohoshi parla, racconta a colleghi e superiori ciò che ha visto, esprime nel suo lavoro l'influenza che ha ricevuto durante quel soggiorno. Intanto, il grande successo della Corolla ha portato a una seconda generazione del modello già nel 1970. Non gli è difficile collegare le teorie apprese all'università, la funzione del design come comunicazione e trasporto di cultura, con ciò che ha appreso oltreoceano. L'azienda inoltre è il luogo e il mezzo con cui ogni suo singolo componente può adoperarsi per servire la nazione a farla prosperare, e per Morohoshi questo significa impegnarsi al massimo perché il design, lo studio e il miglioramento della forma delle vetture prodotte dalla Toyota con il suo contributo, siano non solo un mezzo per incrementare le vendite nella competizione di mercato, ma soprattutto una via per trasmettere cultura, fare

When he returned to Japan to resume his work at the Nagoya Design Centre, Morohoshi told his colleagues and superiors what he had observed and his work would reflect the influence of what he had learned during his stay. Meanwhile the Corolla's great success led to a second generation of the model as early as 1970. It wasn't difficult for him to relate the theories learned at university and the function of design as communication and a means of cultural transfer with what he had learned abroad. Besides the company was the place and way to use every single element to serve his country and make it prosper, and for Morohoshi this meant giving his very best. The design, study and improvement of the shape of cars produced by Toyota with his contribution was not only a way of increasing sales in a competitive market but above all a way of transmitting culture, of promoting his country in the world,

dimension des pédales dans les commandes des voitures – était de beaucoup supérieure à celle qui au Japon était la normale. En général, cette observation le porte à revoir les dimensions et la conception des espaces, des vides et des encombrements dans les voitures ou dans le système routier, profondément différentes de ce qu'il avait toujours vu dans son pays.
Le rapport avec la société américaine, qui jusqu'alors avait eu lieu indirectement, par le biais des études, des séminaires au Japon, des analyses de théories, commence dès lors à devenir une matière vivante pour Morohoshi, amorçant en lui un processus de profonde connaissance directe de cette culture, qui l'amènera à être, tel qu'il l'est aujourd'hui, l'un des designers japonais qui a le mieux représenté la fusion entre Orient et Occident.
De retour au Japon, Kazuo Morohoshi reprend à travailler au Centre de Style

Morohoshi al tavolo da disegno studia lo sviluppo della Corolla Van (1965).

Morohoshi at the drawing table while developing the Corolla Van (1965).

Morohoshi devant sa planche à dessin étudie le développement de la Corolla Van (1965).

Nel 1966 la Corolla è
esposta in anteprima

Preview of the Corolla
in front of the Sony

La Corolla exposée
en avant-première

Morohoshi al debutto ufficiale della versione Sprinter della Corolla in occasione del Salone di Tokyo del 1967.

Morohoshi at the official debut of the Sprinter version of the Corolla at the Tokyo Motor Show in 1967.

Morohoshi au début officiel de la version Sprinter de la Corolla au Salon de Tokyo en 1967.

7
は・179

3 号
は・179
Deluxe

Pagine precedenti.
Il prototipo finito della Corolla Van e della versione Sprinter.
A destra. Uno dei primi disegni di ricerca per la seconda generazione della Corolla.

On the previous pages. The finished prototype of the Corolla Van and the Sprinter version.
Right. One of the early research sketches for the second-generation Corolla.

Pages précédentes.
Le prototype fini de la Corolla Van et de la version Sprinter.
A droite. Un des premiers dessins de recherche pour la deuxième génération de la Corolla.

conoscere il proprio paese nel mondo, diffonderne i valori e onorarne l'immagine. Questo non significa che i prodotti Toyota non fossero già conosciuti e venduti all'estero, ma non avrebbero mai potuto competere nelle vendite con quelli europei o americani se non avessero raggiunto valori simili sotto l'aspetto del design.
Con l'incarico di Assistant Manager che ricopre a partire dal 1971, Kazuo Morohoshi lavora alla terza generazione della Corolla, che entra in produzione nel 1974, alla Tercel e alla Corsa. Sono i primi modelli di produzione della Casa giapponese con la trazione anteriore e la loro diffusione nel mercato interno è inarrestabile. Il volume di automobili vendute sul territorio nazionale è passato dalle 500 mila unità per anno del 1960 ai quasi quattordici milioni e mezzo del 1973, e la rete di vendita mondiale è ormai stata allargata ai cinque continenti.

disseminating its values and honouring its image. Of course Toyota products were already well-known and sold abroad but they could never really compete in terms of sales with European and American products if they didn't achieve similar standards from the design standpoint.
Appointed Assistant Manager in 1971, Kazuo Morohoshi worked on the third generation of the Corolla, which went into production in 1974, and on the Tercel and Corsa. These cars were the first Toyota models with front-wheel drive and they spread like wildfire in the domestic market. The volume of cars sold nationally rose from 500 thousand units per year in 1960 to almost fourteen and a half million in 1973, and by then the world sales network covered all five continents.
Numbers that speak for themselves. An important goal had been achieved, cars had been brought within the reach of a

de Nagoya, et raconte à ses collègues et à ses supérieurs ce qu'il a vu, et l'influence que son séjour a exercé sur lui se répercute sur ce qu'il fait. Entretemps, le grand succès de la Corolla donne lieu à une seconde génération du modèle dès 1970. Il n'est pas difficile pour lui de relier les théories apprises à l'université – la fonction du design en tant que communication et transport de culture – avec ce qu'il venait d'apprendre outre-mer. L'entreprise en outre est le lieu et le moyen par lequel chacun de ses membres peut prodiguer ses capacités pour servir la nation, la faire prospérer et, pour Morohoshi, cela signifia déployer tous ses efforts afin que, grâce à son apport, le design, l'étude et l'amélioration de la forme des voitures construites par Toyota soient non seulement un moyen pour augmenter les ventes sur le terrain de la compétition de marché, mais surtout une voie pour transmettre de la culture, pour faire connaître son

Il modello finito della seconda generazione della Corolla (1970).
Pagine seguenti.
Due disegni di Morohoshi per la terza generazione della Corolla (1974).

The finished mock-up of the second-generation Corolla (1970).
On the following pages.
Two sketches by Morohoshi of the third-generation Corolla (1974).

La maquette finie de la deuxième génération de la Corolla (1970).
Pages suivantes.
Deux dessins de Morohoshi pour la troisième génération de la Corolla (1974).

La Corolla di terza generazione nella versione Sedan e Hardtop (1974).

The Sedan and Hardtop versions of the third-generation Corolla (1974).

La Corolla de troisième génération dans la version Sedan et Hardtop (1974).

Numeri che parlano di un traguardo raggiunto, quello di estendere l'automobile anche ai ceti meno abbienti, ma che implicano la necessità di trovare nuovi punti di forza su cui basare la competizione e diversificare il mercato, soprattutto all'estero.
La presenza in Occidente non può più limitarsi a semplice vendita di prodotti realizzati secondo i canoni del paese d'origine, o a esplorazioni e periodi di studio: deve divenire concreta e prolungata. Il primo "embrione" di Centro Stile Toyota negli Stati Uniti, il Calty, era stato aperto nel 1973 a El Segundo, in California, da Noritsuna Watanabe e David J. Stollery. Quando dal Giappone si decide, nel 1976, di stabilire una sede permanente del design sulle coste del Pacifico, è Kazuo Morohoshi, che già conosce da vicino gli Stati Uniti, a ricevere l'incarico. Una circostanza del tutto diversa da quella del suo primo soggiorno negli USA, dove le uniche

less prosperous class. But this also implied the need to find new strengths as a basis for competitiveness and to diversify the market, above all abroad. Presence in the West couldn't just be confined to selling products manufactured according to the standards and tastes of their country of origin, or based on exploration and study periods: presence had to be concrete and long term.
The first "embryo" of the Toyota Design Centre in the United States, Calty, was initially staffed by Noritsuna Watanabe and David J. Stollery in 1973 at El Segundo, California. After it had been formally decided to build a longterm design facility, Kazuo Morohoshi, who already had a firsthand knowledge of the United States, was assigned the task of reorganising the Design Centre on the Pacific coast. A completely different situation from his first stay in the USA when his only concerns were study, free-ranging observation and exploration

propre pays dans le monde, en divulguer les qualités et valoriser l'image. Cela ne signifie pas que les produits Toyota n'étaient pas connus et vendus à l'étranger, mais ils n'auraient jamais pu rivaliser au niveau des ventes avec les produits européens et américains s'ils n'avaient pas atteint des valeurs semblables en termes de design.
Avec la charge d'Assistant Manager qu'il occupe dès 1971, Kazuo Morohoshi travaille à la troisième génération de la Corolla – qui entre en production en 1974 – à la Tercel et à la Corsa. Ce sont les premiers modèles de Toyota à traction avant et leur diffusion sur le marché intérieur est inexorable. Le volume de voitures vendues sur le territoire national est passé de 500 000 par an en 1960 à quelque quatorze millions et demi en 1973, et le réseau de vente mondial s'étend désormais aux cinq continents.
Des chiffres qui parlent d'un objectif

La Tercel, modello a trazione anteriore del 1978.

The Tercel, a front-wheel drive model dating from 1978.

La Tercel, modèle à traction avant de 1978.

Dall'alto. La Celica, vincitrice del California Design Award nel 1977, e il concept car CX Sports Commuter, entrambi progettati al Calty.

Top to bottom. The Celica, winner of the California Design Award in 1977, and the CX Sports Commuter concept car, both designed at Calty.

preoccupazioni erano lo studio, l'osservazione libera, l'esplorazione senza scontri con doveri o scadenze.
La seconda volta che attraversa l'Oceano, nel 1976, Morohoshi ha un programma più preciso e una missione specifica. La destinazione è Newport Beach, in California, e il confronto che si prepara con la cultura americana si presenta ben più difficile di quelli finora avuti. Andare negli Stati Uniti per costruire il nuovo centro del design Toyota non è solo una questione di teoria, perché è Morohoshi stesso che cerca, individua e ottiene l'utilizzo dell'edificio in cui il Calty si trova tutt'ora, per

without the constraints of duties and deadlines. For his second trip over the ocean in 1976 Morohoshi had a much more precise charter, a specific mission. His destination was Newport Beach in California and the confrontation with American culture that awaited him was much more difficult than he had previously had to deal with. His task in the United States was to build up a new Toyota design centre. This was not just a theoretical exercise because Morohoshi himself had to search for and obtain the use of what is still the Calty building, then organise works required to adapt it and fit it out, hire the

atteint, donc de mettre la voiture à la portée des classes moins nanties aussi, mais qui impliquent la nécessité de trouver de nouveaux points de force sur lesquels fonder la compétition et diversifier le marché, surtout à l'étranger. La présence en Occident ne peut plus se limiter à la simple vente de produits réalisés suivant les canons du pays d'origine, ou à des explorations et des périodes d'étude, mais elle doit devenir concrète et de longue durée. Le premier "embryon" de Centre de Style Toyota aux Etats-Unis, avait été ouvert à El Segundo, en Californie, par Noritsuna Watanabe et David J. Stollery. Mais lorsqu'au Japon on décida, en 1976, d'implanter un siège permanent du design sur les côtes du Pacifique, c'est à Morohoshi, qui connaissait déjà de près les Etats-Unis, que l'on en confie la charge. Une circonstance tout à fait différente de son premier séjour aux USA, où ses seuls soucis étaient l'étude, la libre observation, l'exploration sans conflits avec les obligations et les échéances. La deuxième fois qu'il franchit l'océan, en 1976, Morohoshi a un programme plus précis et une mission bien spécifique. Cette fois la destination est Newport Beach, en Californie, et la confrontation qui se prépare avec la culture américaine se présente bien plus difficile que les précédentes expériences. Aller aux Etats-Unis pour construire le nouveau centre de design Toyota n'est pas seulement une question de théorie, parce que c'est Morohoshi lui-même qui cherche, qui trouve et obtient l'utilisation du bâtiment où le Calty est installé aujourd'hui, pour ensuite mettre sur pied les travaux d'adaptation et de réaménagement, d'en constituer le staff, de faire fonctionner le tout. Dès que cette étape est accomplie, il est évident que les efforts faits jusqu'à présent ne sont qu'une partie minimale de ce qu'il reste à faire, car sans aucun

poi organizzarne i lavori di adattamento e allestimento, costituirne lo staff, metterne in moto il funzionamento. Appena questo accade, risulta evidente che gli sforzi fatti fino ad allora sono solo una minima parte di quelli ancora da affrontare, perché senza dubbio lavorare con "gli occidentali" non è così semplice. Nella veste di General Manager che gli è stata attribuita dal Giappone, Morohoshi sceglie infatti di inserire all'interno del suo staff una forte componente di designer e collaboratori di nazionalità statunitense, per poter unire i punti di vista e meglio ottenere lo sviluppo delle "Toyota americane". È la prima volta che si trova a operare in così stretto contatto e con tanta continuità con colleghi di diversa nazionalità e spesso non è possibile evitare malintesi, incomprensioni reciproche, profonda lontananza di impostazione mentale e di formazione. C'è uno scontro culturale, ma anche difficoltà di comunicazione sia verbale che dal punto di vista della concezione del lavoro. Nonostante un inizio frastornante e situazioni spesso confuse, nel giro di poco tempo, anche grazie al grande interesse intellettuale della sfida, si crea una sorta di fusione culturale, di apporto reciproco continuo molto proficuo.
A un anno dalla nascita, dal Calty di Newport Beach, sulle coste della California, ha origine la seconda generazione di un'altra vettura segnata da grande successo, la Celica. Ma Kazuo Morohoshi, affiancato dal consulente di nazionalità americana Strother MacMinn, punta anche sulla ricerca pura, dedicando molte energie allo sviluppo di concept car che rappresentino l'idea del futuro Toyota. I risultati del lavoro non si fanno attendere e nel giro di pochi anni la Marca, oltre a guadagnare quote di mercato per la qualità dei suoi prodotti, costruisce e rafforza la propria immagine negli Stati Uniti, come faceva

staff and make it operational. Once this was done he realised the efforts made to that point were only a minimum part of those yet to be faced, because working with "Westerners" was certainly no simple matter. Assigned the position of General Manager by Japan, Morohoshi in fact decided to include a strong component of American designers and colleagues on his staff, in order to offer a combined point of view and facilitate development of "American Toyotas". This was the first time he worked in close, continuous contact with colleagues of another nationality and it was often impossible to avoid misunderstandings because of the considerable gap in terms of mentality and training. There was a culture clash but also difficulty in communicating, both verbally and from the standpoint of work practices. But Morohoshi found this intellectually stimulating, a challenge, so despite a stormy beginning

doute travailler avec "les Occidentaux" n'est pas si simple. Dans sa qualité de General Manager qui lui a été attribuée du Japon, Morohoshi choisit en effet d'introduire au sein du personnel une forte composante de designers et de collaborateurs de nationalité américaine, pour pouvoir unir les points de vue et obtenir plus aisément le développement des "Toyota américaines". C'est la première fois qu'il se trouve à œuvrer en contact si étroit et si continu avec des collègues d'une nationalité différente et souvent il n'est guère possible d'éviter des malentendus, l'incompréhensibilité réciproque, le fossé entre des mentalités et des types de formation. Il y a un heurt culturel, mais aussi une difficulté de communication tant verbale que du point de vue de la conception du travail. Malgré un début déroutant et des situations souvent confuses, au bout de peu de temps, grâce aussi au grand intérêt intellectuel du

Morohoshi nel 1978 al Calty durante un incontro con il presidente onorario della Toyota, Ejii Toyoda (alla sua destra).

Morohoshi at Calty during a meeting with the Honorary President of Toyota, Ejii Toyoda (on his right) in 1978.

Morohoshi au Calty en 1978 pendant un entretien avec le président honoraire de Toyota, Ejii Toyoda (à sa droite).
Page à côté, de haut. La Celica, modèle gagnant du California Design Award en 1977, et le concept car CX Sports Commuter, tous deux conçus au Calty.

L'equipe del Calty di fronte al concept car CX, nel 1982.
In basso. Il concept FXV progettato a Newport Beach nel 1985.

The Calty team in front of the CX concept car in 1982.
Bottom. The FXV concept car designed at Newport Beach in 1985.

L'équipe du Calty devant le concept car CX, en 1982.
En bas. Le concept car FXV conçu à Newport Beach en 1985.

presagire il California Design Award attribuito nel 1977 proprio alla seconda generazione della Celica.
Grande spazio viene dedicato da Morohoshi e dal suo team alla ricerca e, tra la fine degli anni Settanta e l'inizio degli Ottanta, dal Calty provengono concept e show car come la CX Sports Commuter del 1978 e la CX del 1982, studi sull'applicazione dei due volumi in dimensioni compatte; il coupé Sera; lo studio per la Sports Car del 1984 e la FXV del 1985. Tutti risultati, alcuni presentati solo dopo la sua partenza, del lavoro di Morohoshi a Newport Beach. L'obiettivo iniziale è raggiunto, il Calty è ormai una vera postazione di ricerca e sviluppo del design Toyota, radicata sul territorio e capace di esprimere comprensione reciproca e sintesi di culture diverse nei progetti che da qui hanno origine.
Morohoshi ritorna in Giappone nel 1983, chiamato alla guida dell'Advanced Design presso la Design Division di Nagoya, e gli anni che seguono l'esperienza americana gli riservano un programma di intenso lavoro su vari fronti. Già nel 1985 è nominato Deputy General Manager della Design Division della Toyota Motor Corporation e prosegue il lavoro intrapreso nella sperimentazione pura, in particolar modo sul lato

with frequent confusion, after a short time a kind of cultural fusion was created as a result of continuous, highly profitable inputs from both sides.
Only one year after Calty became operative at Newport Beach on the Pacific coast, work on the second generation of another very successful car, the Celica, got underway. But Kazuo Morohoshi, aided by American consultant Strother MacMinn, also focused on pure research, dedicating much energy to the development of concept cars that represented ideas for future Toyotas. Results were not long in coming. In just a few years the brand not only gained market

défi, une sorte de fusion culturelle, d'apport réciproque continu très enrichissant a fini par se créer.
Un an après la naissance du Calty de Newport Beach, sur les côtes californiennes, la deuxième génération d'une autre voiture destinée à un grand succès, la Celica, voit le jour. Mais Kazuo Morohoshi, assisté de l'expert de nationalité américaine Strother MacMinn, vise aussi à la recherche pure, consacrant beaucoup d'énergies au développement de concept cars qui représentent l'idée du futur Toyota. Les résultats de son travail ne se font pas attendre et, dans l'espace de quelques années, la Marque non seulement gagne des parts de marché pour la qualité de ses produits, mais construit et renforce son image aux Etats-Unis, ainsi que le faisait présager le California Design Award attribué en 1977 justement à la deuxième génération de la Celica.
Morohoshi et son équipe consacre beaucoup de place à la recherche et, à la fin des années soixante-dix et au début des années quatre-vingt-dix, le Calty débite des concept cars et des show cars comme la CX Sports Commuter de 1978 et la CX de 1982, des études sur l'application des deux volumes en dimensions compactes; le coupé Sera;

sportivo della Marca, che porta a concept car come la FXV II, la GTV e la 4500 GT, ma anche su studi più direttamente legati alla produzione. Nel 1989 Morohoshi è al Salone di Tokyo con un prototipo che rivoluziona il concetto di fuoristrada di piccole dimensioni fino ad allora conosciuto. Si tratta dello sport utility RAV4, che si inserisce in un segmento di solito caratterizzato da una sobrietà ai limiti dello spoglio, portando ricchezza di allestimenti, razionalità negli spazi interni e massima resa nelle prestazioni. Nel 1994 il design Toyota riceve il Good Design Award per il RAV4, ma è due anni dopo che questo modello guadagna un riconoscimento ancora più significativo. Si tratta dell'Inventors Award per il design, assegnato nell'ambito del National Invention Recognition.
La figura di Morohoshi sta assumendo all'interno dell'azienda un significato sempre più ampio, e i suoi campi d'azione, anche in seguito al peso sempre maggiore del design giapponese nel panorama mondiale, si diversificano. Nel 1989 partecipa all'International Council of Societies of Industrial Design (ICSID), conferenza mondiale di design che ha luogo quell'anno a Nagoya, in qualità di Executive Committee Chairman, e

share thanks to the quality of its products, it also built up its image in the United States, a foretaste of which was winning the California Design Award in 1977 for the second-generation Celica. Morohoshi and his team placed great emphasis on research and between the end of the seventies and early eighties a number of concept cars and show cars came out of the Calty centre. Cars like the CX Sports Commuter in 1978 and CX from 1982, studies on two volumes applied to a compact space; the Sera coupé; the Sports Car study in 1984 and the FXV in 1985. All results of Morohoshi's work at Newport Beach, some of which were presented after he left. The initial objective had been achieved, Calty was an effective Toyota design research and development centre, well established locally and capable of expressing a reciprocal understanding and synthesis of different cultures in projects originating there.
Morohoshi was called back to Japan in 1983 to head up Advanced Design at the Nagoya Design Division and the years following his American experience turned out to be a period of intense effort on various fronts. Already in 1985 he was appointed Deputy General Manager of the Design Division at

l'étude pour la Sports Car de 1984 et la FXV de 1985. Tous des résultats, certains présentés après son départ, du travail de Kazuo Morohoshi à Newport Beach. L'objectif initial est atteint, le Calty est désormais une véritable station de recherche et de développement du design Toyota, enracinée dans le territoire et capable d'exprimer la compréhension réciproque et la synthèse de cultures différentes dans les projets qui y naissent.
Morohoshi rentre au Japon en 1983, appelé à la tête de l'Advanced Design auprès de la Division Design de Nagoya, et les années qui suivent l'expérience américaine lui réservent un programme de travail intense sur plusieurs fronts. Dès 1985, il est nommé Deputy General Manager de la Division Design de Toyota Motor Corporation, et continue le travail entrepris dans l'expérimentation pure, notamment sur l'aspect sportif de la Marque, qui porte à des concept cars comme la FXV II, la GTV et la 4500 GT, mais aussi à des études se rattachant plus directement à la production. En 1989, Morohoshi est au Salon de Tokyo avec un prototype qui révolutionne le concept de tout-terrain de petites dimensions que l'on connaissait jusqu'alors. Il s'agit du sport utility RAV4, qui rentre dans un segment caractérisé habituellement par une sobriété à la limite du dépouillement, y introduisant la richesse des aménagements, la rationalité des espaces intérieurs et le rendement maximum des performances. En 1994, le design Toyota reçoit le Good Design Award pour le RAV4, mais ce n'est que deux ans plus tard que ce modèle obtient un prix encore plus significatif: l'Inventors Award pour le design, décerné dans le cadre du National Invention Recognition.
Kazuo Morohoshi acquiert au sein de l'entreprise un rôle primordial et ses champs d'action se diversifient, grâce

Il prototipo GTV, studio per una vettura sportiva realizzato dall'Advanced Design della Toyota Motor Corporation nel 1987.

GTV prototype, a study for a sports car produced by Toyota Motor Corporation Advanced Design in 1987.

Le prototype GTV, étude pour une voiture sportive, réalisé par l'Advanced Design de Toyota Motor Corporation en 1987.

TOYOTA
FXV-II

riceve insieme al suo staff il Mainichi Design Award. Nello stesso anno, una nascita importante ha luogo all'interno del Gruppo Toyota, quella del marchio di lusso Lexus, che rappresenta un terreno di esplorazione e sviluppo completamente nuovo su cui concentrare potenzialità del design che fino ad allora non erano state espresse a fondo a causa della mancanza di un vero e proprio alto di gamma all'interno della struttura.
Dall'inizio degli anni Novanta, il ruolo di Kazuo Morohoshi diventa più che mai strategico e, se nel 1991 porta a termine la riorganizzazione della presenza del design Toyota a Tokyo fondando il Tokyo Design Centre nella zona di Mita e restandone a capo in qualità di General Manager, è tra il 1992 e il 1995, quando dirige sia il Centro di Nagoya che quello di Tokyo, che la sua funzione di coordinatore oltre che di progettista si rende esplicita. Ciò che Morohoshi ha in mente in quel periodo è la coesione e la comunicazione tra il Centro di Production Design di Nagoya e l'Advanced Design di Tokyo, in modo da creare una più stretta connessione tra la ricerca e la realtà. Lo stesso principio vale per i centri stile che sono stati creati al di fuori del Giappone, dal momento che nel 1990 ne è nato uno anche in Europa, a Bruxelles, ed è quindi necessario consolidare e sviluppare la rete di comunicazione e collaborazione Giappone-Europa-USA.
Di quegli anni è anche il prototipo della Prius, berlina innovativa che viene presentata al Motor Show di Tokyo nel 1995, per poi essere definita nel 1996 ed entrare in produzione nel 2000. La Prius rappresenta la prima vettura prodotta in grandi volumi dotata della doppia propulsione benzina ed energia elettrica Toyota Hybrid System (THS). Sempre nello stesso periodo nascono concept come la monovolume Ipsum del 1995, le compatte Funtime, Funcargo e

Toyota Motor Corporation and continued his work in the pure experimental field with a particular accent on the brand's sporting qualities. Efforts which led to concept cars like the FXV II, GTV and 4500 GT, but also to studies more closely linked to production. 1989 saw Morohoshi at the Tokyo Motor Show with a prototype that revolutionised the concept at the time for small jeeps. The model was the RAV4 sport utility that competed in a segment that normally offered vehicles with nothing more than the bare essentials. Instead the designer presented a wealth of outfits, rationalised interior space and maximised performance. In 1994 Toyota won the Good Design Award for the RAV4, but then two years later this model won even more significant recognition. This time, the Inventors Award for the design as part of the National Invention Recognition programme.
Morohoshi's reputation within the company continued to grow as did the scope of his activities, in part due to the increasing importance of Japanese design in the world scenario. In 1989 the renowned International Council of Societies of Industrial Design (ICSID) was held in Nagoya where Morohoshi attended the event as Executive Committee Chairman and, together with his staff, received the Mainichi Design Award. That same year saw an important launch for the Toyota Group, the Lexus luxury brand. This represented a completely new field to explore and develop, given that there was no true top-of-the-range line within the company, but now there was a new brand on which to focus unexpressed design potential.
From the beginning of the nineties Morohoshi's role became mostly strategic. In 1991 he completed the reorganisation of Toyota's design presence in the Japanese capital by founding the Tokyo Design Centre in Tokyo's Mita area. He

aussi au poids accru du design japonais dans le panorama mondial. En 1989, il assiste à l'International Council of Societies of Industrial Design (ICSID), la conférence mondiale du design, qui a lieu cette année à Nagoya, en qualité d'Executive Committee Chairman, et reçoit avec son équipe le Mainichi Design Award. Cette même année, une naissance importante a lieu au sein du Groupe Toyota, celle de la marque de luxe Lexus, qui constitue un terrain d'exploration et de développement entièrement nouveau sur lequel concentrer les potentialités du design qui jusqu'alors n'avaient pas été exprimées à fond à cause du manque d'un vrai haut de gamme au sein de la structure.
Depuis le début des années quatre-vingt-dix, le rôle de Morohoshi devient plus que jamais stratégique. Si, en 1991, il parachève la réorganisation de la présence du design Toyota à Tokyo en fondant le Tokyo Design Centre dans la zone de Mita tout en maintenant le commandement en qualité de General Manager, c'est de 1992 à 1995, lorsqu'il dirige à la fois les centres de Nagoya et de Tokyo, que sa fonction de coordinateur et de concepteur devient explicite. Morohoshi, à cette époque, vise à la cohésion et à la communication entre le centre de Production Design de Nagoya et l'Advanced Design de Tokyo, afin de créer un lien plus étroit entre la recherche et la réalité. Le même principe s'applique aux centres de style en dehors du Japon, étant donné qu'en 1990 un nouveau centre était né à Bruxelles, et qu'il fallait donc raffermir et développer le réseau de communication et de collaboration Japon-Europe-USA. De ces années date également le prototype de la Prius, berline innovante présentée au Motor Show de Tokyo en 1995, qui sera définie ensuite en 1996 pour entrer en production en 2000. Il s'agit de la première

Il concept car FXV II, progettato a Nagoya nel 1987.

The FXV II concept car designed at Nagoya in 1987.

Le concept car FXV II, conçu à Nagoya en 1987.

Dall'alto. Il concept car sportivo 4500 GT e il rivoluzionario sport utility RAV4, che diverrà uno dei più grandi successi della Toyota alla fine degli anni Novanta.

Top to bottom. The 4500 GT concept sports car and the revolutionary RAV4 sport utility that became one of Toyota's major successes toward the end of the nineties.

De haut en bas. Le concept car sportif 4500 GT et le révolutionnaire tout-terrain RAV4, qui deviendra l'un des plus grands succès de Toyota à la fin des années quatre-vingt-dix.

Funcoupé, la due volumi New e la piccola e-com del 1997.
La parola design accostata al marchio Toyota è ormai, verso la conclusione del secolo, una realtà; sta per debuttare la piccola che farà fortuna in Europa, la Yaris, e Morohoshi si prepara a un'altra trasferta prolungata negli Stati Uniti. Dal 1996 è stato infatti assegnato per una seconda volta al Calty, in qualità di Vice Presidente, e vi rimarrà per quattro anni, in contatto con uno staff che è ormai per la maggior parte locale, e con il quale inizia a porre le basi per l'attuazione di un progetto cui pensa da tempo. In Europa intanto, sono in corso i lavori per un altro centro del design, quello di Sophia Antipolis, nel sud della Francia, che verrà inaugurato nel 2000 e che costituirà un'ulteriore estensione della presenza della Toyota nel Vecchio Continente.
Durante gli anni che Kazuo Morohoshi trascorre al Calty, prendono forma e si

remained at the new centre as General Manager, but it was between 1992 and 1995 when he headed up both the Tokyo and Nagoya centres that his role as coordinator as well as designer became explicit. What Morohoshi had in mind at the time was the issue of communication and cohesion between the Production Design Centre in Nagoya and Advanced Design in Tokyo, so as to create a closer bond between research and real life. The same principle was applied to design centres outside of Japan – in 1990 a European centre had been opened in Brussels – as it was necessary to consolidate and develop the Japan-Europe-USA communication and cooperation network. The Prius prototype also dates from those years, an innovative saloon presented at the 1995 Tokyo Motor Show that was finalised in 1996 and which went into production in 2000. This was the first production car to be equipped with a dual petrol-

Morohoshi (a sinistra) davanti al prototipo del RAV4, al Salone di Tokyo del 1989. In basso. Prototipo della berlina Prius (1995).

Morohoshi (left) in front of the prototype of the RAV4 at the Tokyo Motor Show in 1989. Bottom. Prototype of the Prius saloon (1995).

Morohoshi (à gauche) devant le prototype du RAV4, au Salon de Tokyo de 1989. En bas. Le prototype de la berline Prius (1995).

voiture dotée de double propulsion, essence et énergie électrique Toyota Hybrid System (THS), produite en masse. Toujours de la même période, les concept cars comme le monovolume Ipsum de 1995, les voitures compactes Funtime, Funcargo et Funcoupé, la deux volumes New et la petite e-com de 1997.

Dall'alto. Il prototipo Funcargo e il concept car New, entrambi del 1997.

Top to bottom. The Funcargo prototype and New concept car, both dating from 1997.

De haut en bas. Le prototype Funcargo et le concept car New, tous deux de 1997.

consolidano in ogni settore dell'economia le influenze che termini come "mercato globale" o "globalizzazione" stanno assumendo su scala internazionale. Al suo ritorno alla sede centrale, nel 2000, Morohoshi inizia a lavorare a un progetto di riorganizzazione del design e dell'intera filosofia aziendale che ancora non era stato possibile realizzare a causa delle diverse priorità in agenda fino ad allora. Si tratta di rafforzare l'identità dei prodotti e dei marchi Toyota in tutto il mondo riversando sul design il valore di fulcro di tutte le attività del Gruppo, e Morohoshi prepara il terreno per quella che, entro la fine del 2002, dovrà essere la nuova Toyota.

electric propulsion system – the Toyota Hybrid System (THS). Again in the same period other concept cars were unveiled, like the single-box Ipsum in 1995, the Funtime, Funcargo and Funcoupé compacts, the New – a two-box model – and the little e-com in 1997.
As the end of the century drew nearer the association of the word design with the Toyota brand had become a reality; the little Yaris was about to make its debut and go on to be a success in Europe, whereas Morohoshi was getting ready for another long stay in the United States. In fact in 1996 he was again assigned to Calty, this time with the standing of Vice President. He remained there for four years, in contact with what by then was an almost entirely American staff, with whom he began to lay the foundations for a project he had had in mind for some time. In Europe, on the other hand, work was going ahead on another design centre at Sophia Antipolis in the south of France that was inaugurated in 2000. This represented a further extension of Toyota's presence in Europe.
During the years Morohoshi spent at Calty globalisation was taking hold and becoming an established factor internationally in all sectors of the economy. And so when he returned to headquarters in 2000 he began work on a project to reorganise not only design but the entire company philosophy, an exercise that had not been possible before then because priorities had been different. The project aimed to strengthen Toyota's product and brand identity throughout the world by making design the fulcrum of all Group activities. So Morohoshi began preparing the ground for what was to be the new Toyota by the end of 2002.

Vers la fin du siècle, le mot design à côté de la marque Toyota est désormais une réalité; la Yaris, la petite qui fera un tabac en Europe est sur le point d'entrer en scène, et Morohoshi se prépare à un autre séjour prolongé aux Etats-Unis. Depuis 1996, il a été en effet assigné pour une deuxième fois au Calty, en qualité de Vice-Président, et il y restera quatre ans, en contact avec une équipe qui est pour la plupart américaine et avec laquelle il commence à jeter les bases pour la réalisation d'un projet qu'il a en tête depuis longtemps. Sur ces entrefaites, sont en cours en Europe les travaux pour un autre centre de design, celui de Sophia Antipolis, dans le sud de la France, qui est inauguré en 2000 et qui constituera une nouvelle extension de la présence de Toyota dans le vieux continent.
Pendant les années que Morohoshi passe au Calty, prennent forme et se consolident dans chaque secteur de l'économie les influences que des termes tels que "marché global" ou "globalisation" commencent à exercer à l'échelon international et, à son retour au siège central, en 2000, il commence à travailler à un projet de réorganisation du design et de l'ensemble de la philosophie d'entreprise qu'il n'a pas encore été possible de réaliser à cause des nombreuses priorités qu'il y avait eu jusqu'alors. Il s'agit de renforcer l'identité des produits et des marques Toyota à travers le monde donnant au design le rôle de clef de voûte de toutes les activités du Groupe, et Kazuo Morohoshi prépare le terrain pour celle qui, avant la fin de 2002, est appelée à être la nouvelle Toyota.

Portfolio **Marzia Gandini**

TOYOTA

TOYOTA

Presente e passato: immagini di Kazuo Morohoshi al lavoro e alcune fotografie scattate al Museo Toyota di Nagoya. Una rievocazione della prima catena di montaggio della Toyota (a sinistra), della prima attività dell'azienda, quella tessile (in basso), e due modelli "storici" (pagine seguenti): la AA, prima vettura prodotta dalla Casa, e la berlina Crown.

Present and past: images of Kazuo Morohoshi at work and some photos taken at the Toyota Museum in Nagoya. A re-evocation of Toyota's first assembly line (left), the Company's initial activity in the textile field (bottom), and two models on show at the Toyota Museum (following pages): the AA, the first car the Company produced, and the Crown saloon.

Présent et passé: des images de Kazuo Morohoshi au travail, et des photographies prises au Musée Toyota de Nagoya. Une évocation de la première chaîne de montage de Toyota (ci-dessus), de la première activité de l'entreprise, dans le textile (à gauche) et deux modèles historiques (pages suivantes): la AA, première voiture construite par l'entreprise, et la berline Crown.

AA

Il nuovo volto del design Toyota

The new face of Toyota design

Le nouveau visage du design Toyota

Marzia Gandini

Il 2003 è l'anno della svolta nell'organizzazione del design e dell'intera struttura della Toyota Motor Corporation. Kazuo Morohoshi, a quarant'anni esatti dal suo ingresso in azienda, è l'artefice di una rivoluzione copernicana di non facile attuazione. Se, fino al secolo scorso, nell'universo Toyota il design sottostava alle regole della produzione e dei bilanci insieme al resto delle attività aziendali, oggi si trova in posizione centrale, predominante.

"È un processo durato più di dieci anni – spiega Morohoshi – che adesso, all'inizio del 2003, è giunto al suo compimento. Si conclude la fase dello studio e della preparazione e si apre quella della pratica. È stato necessario molto tempo per dimostrare al management della Toyota che attribuire un ruolo fondamentale al design era la strategia necessaria per rafforzare le basi della competitività dei nostri prodotti sul mercato interno come sul quello esterno." Kazuo Morohoshi chiarisce quali siano i termini principali di questo cambiamento, mostrando due semplici grafici.

"In quella che io definisco la configurazione del XX secolo, la nostra struttura lavorava secondo uno schema ad andamento piatto, composto da elementi equivalenti in successione – dalla piani-

2003 is the year of a turning-point in the organisation of design and entire structure of the Toyota Motor Corporation. And exactly forty years after joining the company Kazuo Morohoshi is the architect of this complex Copernican revolution. While throughout the past century design, like all other company activities in the Toyota universe, was ruled by production and financial implications, today it finds itself in a central, predominant position.

"It's a process that's been going on for more than ten years," explains Morohoshi, "and it has finally been completed at the beginning of 2003. The study and preparatory phase has ended and now it's time to put it into practice. It took a long time to convince Toyota management that attributing a fundamental role to design was a necessary strategy if the foundations for the competitiveness of our products were to be strengthened in both the domestic and foreign markets." Morohoshi illustrates the main terms of this change in two simple charts.

"In what I call the twentieth century configuration our structure operated in a flat manner comprising a succession of equivalent elements – right from product planning through to sales – and design

2003 marque un tournant dans l'organisation du design et de toute la structure de Toyota Motor Corporation. Exactement quarante ans après son entrée dans l'entreprise, Kazuo Morohoshi est l'artisan d'une révolution copernicienne difficile à mettre en œuvre. Si, jusqu'au siècle dernier, dans l'univers Toyota le design était assujetti aux règles de la production et des bilans tout comme le reste des activités de l'entreprise, aujourd'hui il se trouve dans une position centrale, prédominante.

"C'est un processus qui a duré plus de dix ans – nous explique Morohoshi – qui à présent, début 2003, est arrivé à son aboutissement. La phase d'étude et de préparation se termine et s'ouvre celle de la mise en œuvre. Il a fallu beaucoup de temps pour démontrer au management Toyota qu'attribuer un rôle fondamental au design était la stratégie nécessaire pour renforcer les bases de la compétitivité de nos produits sur le marché tant intérieur qu'extérieur." Morohoshi explique quels sont les termes principaux de ce changement, à l'aide de deux simples diagrammes.

"Dans celle que j'appellerai la configuration du XXe siècle, notre structure travaillait suivant un schéma à allure plate, formé d'éléments équivalents en

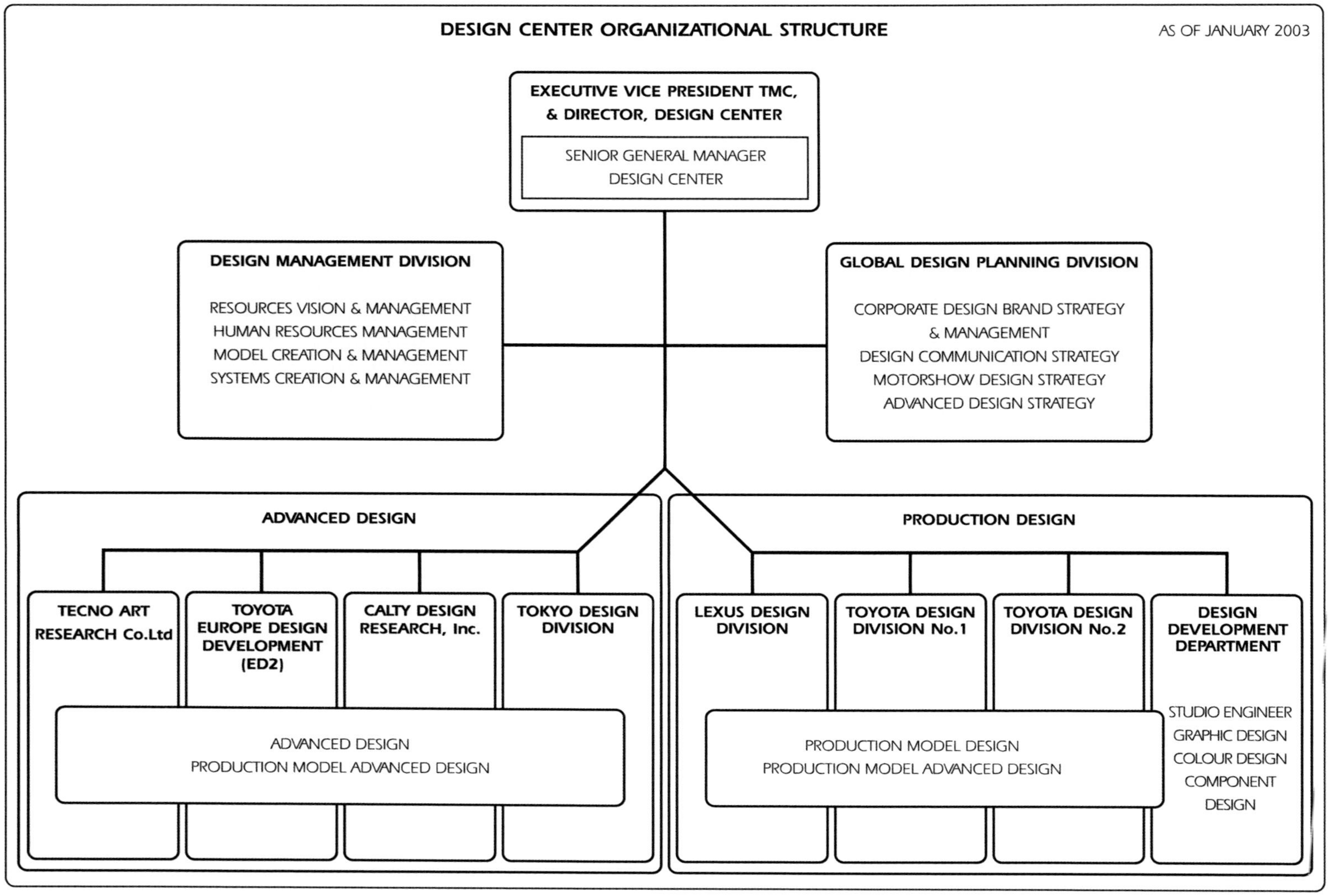

L'attuale organizzazione di Toyota Design.

The current organisation of Toyota Design.

L'organisation actuelle du Toyota Design.

ficazione del prodotto alla vendita – e il design era solamente un passaggio di questo processo lineare. Nella nuova impostazione, secondo la quale si muove la Toyota del XXI secolo, il design è il cuore di tutta la vita aziendale e attività come l'engineering, la vendita, la comunicazione ruotano intorno, in collegamento fra di loro e con il centro. Il designer ricopre il ruolo che più gli è consono, e cioè quello di tramite tra le persone, la vita pulsante del mondo esterno e le pur necessarie ma fredde voci della struttura aziendale."
Potrebbe apparire solamente come un

was just one step in this linear process. In the new set-up Toyota has adopted for the twenty-first century, design is the core of all company life; activities like engineering, sales and communication all rotate around it, linked to each other and to the centre. Designers have assumed what for them is a more congenial role, namely, as intermediaries between people, vibrant life in the outside world and the certainly necessary, but cold, voices of the company structure."
It might seem just a formal mental step, but this concept has very concrete repercussions on Toyota's products and

succession – du planning du produit à la vente – et le design n'était qu'une étape de ce processus linéaire. Dans le nouveau schéma, suivi par Toyota au XXIe siècle, le design est le cœur de toute la vie d'entreprise, et des activités telles que l'engineering, la vente, la communication gravitent autour, en liaison entre elles et avec le centre. Le designer joue le rôle qui lui convient le mieux, à savoir celui d'intermédiaire entre les personnes, la vie palpitante du monde extérieur et les aspects froids et pourtant nécessaires de la structure d'entreprise."
Il pourrait n'apparaître que comme un

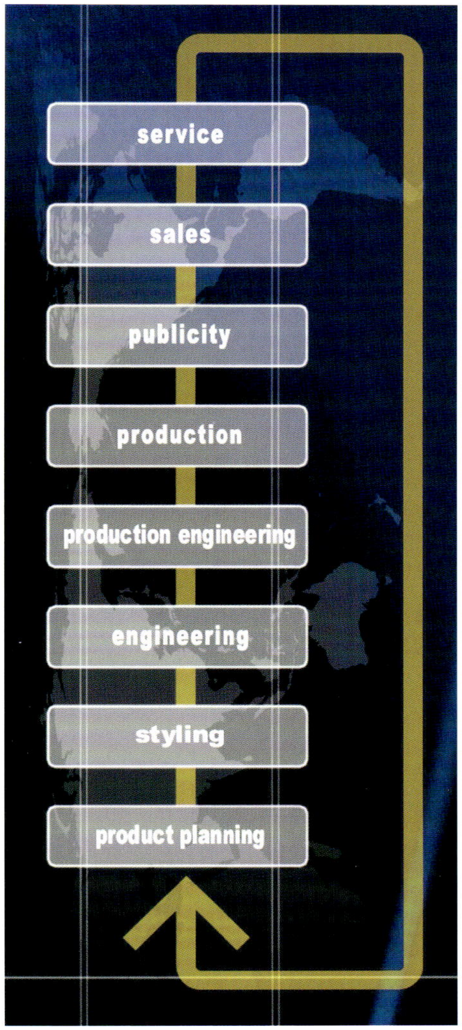

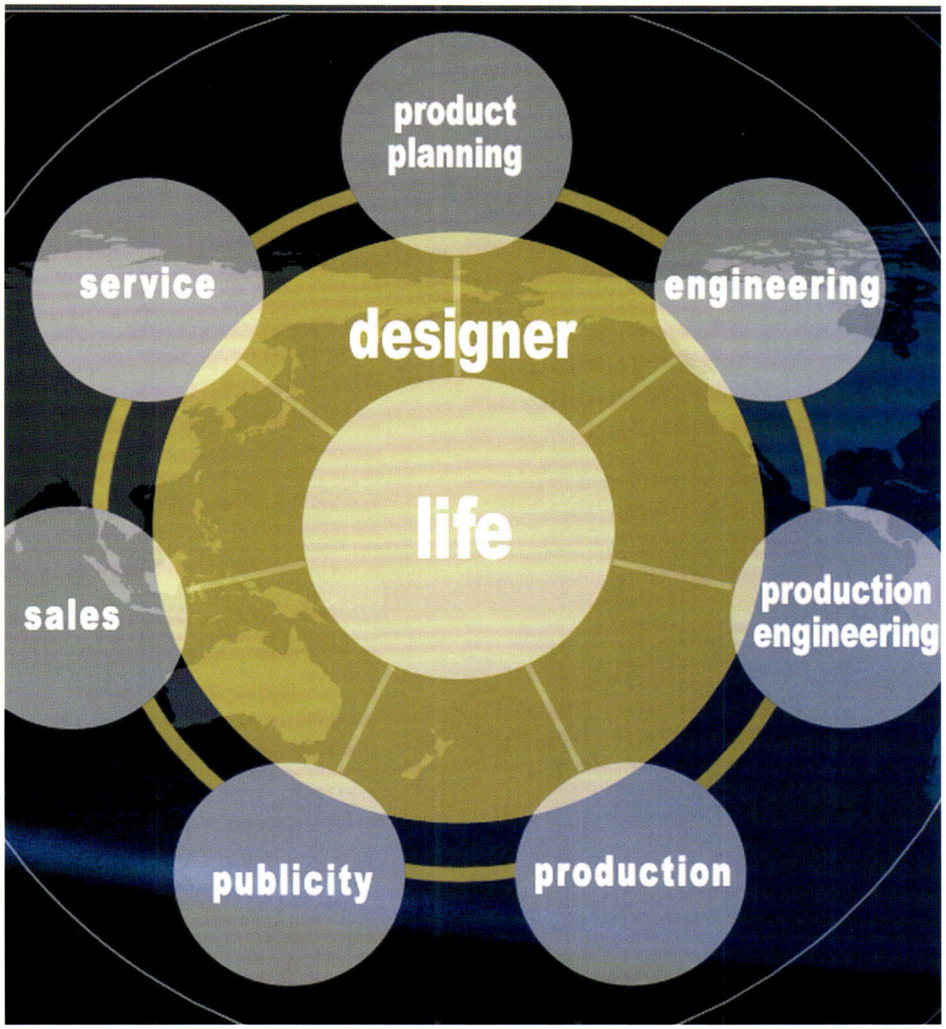

Il precedente schema di lavoro della Toyota (a sinistra), nel quale il design era solamente un passaggio all'interno di un processo lineare, e la nuova struttura adottata dalla Casa (a destra), che evidenzia il ruolo centrale della creatività e dei designer.

Toyota's previous strategic set-up (left), in which design was just one step in the linear process, and the new dispensation (right) where creativity and designers play a central role.

Le schéma de travail précédent de Toyota (à gauche), où le design n'était qu'une étape, et le nouveau schéma du constructeur (à côté), où le rôle majeur est assigné à la créativité et aux designers.

passaggio formale, mentale, ma questo concetto ha delle ripercussioni molto concrete sui prodotti e sulla rete del design Toyota. "In un certo senso c'è una grande componente di impostazione mentale, perché tutto risiede nello smettere di pensare a 'come produrre' per concentrarsi solo sul 'come creare'. Per chi si occupa di costi e bilanci è un concetto difficile, ma è su questo che si fonda il futuro dell'automobile. Il modo di progettare le nostre vetture è cambiato e cambierà in modo concreto però, ricercando un'identità sempre più marcata e inconfondibile. Questo è un periodo

its design network. "In a certain sense the change involves a large mental component, because everything hinges on not thinking 'how to produce' but 'how to create'. It's a difficult concept for those whose job is to govern costs and financial performance, but the future of cars will depend on this. The way we design our cars has changed and will continue to do so in a concrete manner as we search for a more marked, unmistakable identity. This period sees an intense globalisation of our brands but the global market is extremely complex. It wants products that simultaneously provide

passage formel, mental, mais ce concept a des répercussions très concrètes sur les produits et sur le réseau du design Toyota. "Dans un certain sens, il y a une forte composante mentale, parce qu'en somme, il faut cesser de penser à 'comment produire' pour se concentrer sur 'comment créer'. Ceux qui s'occupent de coûts et de bilans ont du mal à saisir le concept, pourtant c'est sur lui que se fonde l'avenir de l'automobile. La façon de concevoir nos voitures a changé et changera concrètement mais en cherchant une identité toujours plus marquée et distincte. Nous vivons dans une

Il management della Toyota Giappone nel 2002 (da sinistra)/ The Toyota Japan management team in 2002 (starting from the left)/ Le management de Toyota Japon en 2002 (de gauche à droite): Tadao Otsuki, General Manager Design Division Two; Kengo Matsumoto, General Manager Tokyo Design Centre; Hideichi Misono, Senior General Manager Design Division, Design Centre; Kazuo Morohoshi, Toru Kimura, General Manager Design Division One; Tokuo Fukuichi, General Manager Design Division Three.

di intensa globalizzazione dei nostri marchi e il mercato globale è molto complesso. Vuole prodotti che siano allo stesso tempo segno del luogo da cui provengono, interpretazione del luogo cui sono destinati e contenitori di originalità di per loro stessi. La chiave è sempre la realizzazione di vetture che facciano dire alla gente 'quella è una Toyota, o una Lexus' al primo sguardo, e il l'identità del design è il solo mezzo per ottenere questo. Abbiamo da tempo intrapreso un lavoro sulla caratterizzazione dei due marchi Toyota e Lexus che con questa nuova organizzazione troverà la sua più completa attuazione."

"Per quanto riguarda il marchio di più lunga tradizione e diffusione, Toyota, – continua Morohoshi – il design presente e futuro è incentrato su diversi punti di forza. Il primo è il concetto, che abbiamo riassunto nella formula 'Vibrant Clarity', di un'immagine durevole, chiara, dalle linee in un certo senso conservatrici, ma

signs of the place they come from, interpret the place they are intended for, while being containers of their own form of originality. The key is always to produce cars that make people say at a glance 'that's a Toyota, or a Lexus'. And identity through design is the only way to achieve this. For some time now we have been working on defining the personality of the Toyota and Lexus brands, and this will now be fully applied with this new organisation. As regards the brand with a longer, better-known tradition – Toyota – present and future design will focus on various strengths. The first is the concept we have summarised in the 'Vibrant Clarity' formula, a durable, transparent image, in a certain sense with a conservative line but that expresses freshness, spontaneity too."

A type of approach already adopted for very successful production cars like the Yaris. "Certainly the Yaris – Vitz here in Japan – conveys an exact idea of the

période de globalisation intense de nos marques et le marché global est très complexe. Il veut des produits qui soient à la fois signe du lieu d'où ils proviennent, interprétation du lieu auquel ils sont destinés et conteneurs en soi d'originalité. La clé est toujours la réalisation de voitures qui fassent dire aux gens, à première vue, 'celle-là c'est une Toyota, ou une Lexus' et l'identité du design est le seul moyen pour y parvenir. Nous avons depuis longtemps entrepris un travail sur la caractérisation des deux marques Toyota et Lexus et, grâce à la nouvelle organisation, nous pourrons y parvenir. En ce qui concerne Toyota, la marque de plus longue tradition et de plus grande diffusion, – nous explique Morohoshi – le design présent et futur est axé sur plusieurs points de force. Le premier est le concept que nous avons résumé dans la formule 'Vibrant Clarity', d'une image durable, claire, aux lignes en quelque sorte conservatrices, mais

che esprima allo stesso tempo freschezza, spontaneità."
Un genere di approccio che è già stato applicato a vetture di produzione di grande successo, come la Yaris. "Certo, la Yaris – Vitz qui in Giappone – rende esattamente l'idea della strada che abbiamo intrapreso, perché è emozionante e inusuale ma senza cadere negli estremi, e anche perché racconta qualcosa del paese da cui proviene. È piccola all'esterno ma ha uno spazio interno esteso, piacevole e molto razionale, un po' come le case giapponesi. In secondo luogo, ciò che la Yaris ha reso possibile è l'inizio di un cambiamento della percezione che la gente ha – soprattutto nel nostro paese – dei prodotti Toyota, che spesso sono collegati a un pubblico sopra i cinquant'anni. Il lavoro sul design Toyota è anche inteso a modificare questa limitazione, allargando lo spettro di età e il tipo di clientela cui ci indirizziamo. La gamma della Toyota sarà sempre più in grado di attirare l'attenzione di ogni fascia di età e questo significa che oggi stiamo lavorando per parlare con i giovani, capire i loro gusti e interpretarli. Questo è ovviamente esteso a tutti i segmenti in cui siamo presenti e si inserisce in un processo in corso da tempo, che mette in atto una rivisitazione

route we have taken, because it's exciting and unusual without being over the top, and also because it tells something of the country it comes from. Seen from the outside it looks small but inside it is really roomy, pleasant and very rational, a bit like Japanese houses. And secondly, the Yaris heralds the beginning of a change in how people – above all in Japan – perceive Toyota products, often seen as being for a public aged over fifty. Our work on Toyota design also aims to modify this limitation by widening the age spectrum and the type of clientele we address. The Toyota range will become increasingly capable of attracting the attention of all age groups and so today we are working on speaking to young people, understanding their tastes and interpreting them. This is part of an ongoing process to review the assumptions acquired over time and obviously covers all segments in which we are present. Just as the Yaris redefines the concept of compact cars, because it's very roomy inside and offers technological accoutrements similar to those of a higher range car, the RAV4 does the same with the 4x4 concept by changing the conventional view of dimensions and space in the small off-roader segment, whereas the Previa revisits the MPV segment."

qui exprime en même temps fraîcheur et spontanéité."
Un genre d'approche qui a déjà été adopté pour des voitures de série à grand succès comme la Yaris. "Certes, la Yaris – Vitz ici au Japon – rend bien l'idée du chemin que nous avons entrepris, parce qu'elle est émotionnante et inhabituelle sans pour autant tomber dans les extrêmes, et parce qu'elle raconte aussi quelque chose du pays dont elle provient. Tout d'abord, elle est petite à l'extérieur tout en offrant un grand espace intérieur, agréable et très rationnel, un peu comme les maisons japonaises. Deuxièmement, Yaris a permis d'amorcer un changement de la perception que les gens ont – surtout dans notre pays – des produits Toyota, qui souvent sont rattachés à un public de plus de cinquante ans. Le travail sur le design Toyota vise également à modifier cette limite, en élargissant l'éventail d'âge et de type de clientèle à laquelle nous nous adressons. La gamme de Toyota sera toujours plus en mesure d'attirer l'attention de divers groupes d'âge. Aussi, à l'heure actuelle, sommes-nous en train de travailler pour parler aux jeunes, pour comprendre leurs goûts et les interpréter. Cela s'étend, bien sûr, à tous les segments où nous sommes présents et fait

La sintesi del futuro dei marchi Toyota e Lexus, espressa nelle immagini in basso, definisce il futuro dei prodotti del Gruppo.

The photos below capture, in synthesis, the future of the Toyota and Lexus brands, which will define the future of the Group's products.

La synthèse du futur des marques Toyota et Lexus, exprimée dans les images en bas, définit l'avenir des produits du Groupe.

La sede centrale
del Toyota Design
a Toyota City, nella
prefettura di Aichi,
a pochi chilometri
da Nagoya.

The headquarters
of Toyota Design in
Toyota City, in the
prefecture of Aichi,
a few kilometres
from Nagoya.

Le siège central
de Toyota Design
à Toyota City, dans
la préfecture d'Aichi,
à quelques kilomètres
de Nagoya.

Il Centro dell'Advanced Design di Tokyo, aperto nel 1999.

The Advanced Design Centre in Tokyo, opened in 1999.

Le Centre de l'Advanced Design de Tokyo, ouvert en 1999.

A Sophia Antipolis, nel sud della Francia, ha sede il Centro Stile di Toyota Europe.

The Toyota European Design Centre is located in Sophia Antipolis, in the south of France.

A Sophia Antipolis, dans le sud de la France, se trouve le Centre de Style de Toyota Europe.

Il primo Centro Stile della Toyota all'estero, il Calty di Newport Beach in California, è attivo dal 1973.

Toyota's first foreign Design Centre, Calty at Newport Beach in California, has been active since 1973.

Le premier Centre de Style de Toyota à l'étranger, le Calty de Newport Beach en Californie, est actif depuis 1973.

La Lexus IS300 (2000), modello di produzione progettato dal Centro Stile di Nagoya.
Sotto. La plancia della Lexus LS430 (2000).

The Lexus IS300 (2000), a production model designed by the Design Centre in Nagoya.
Below. The instrument panel on the LS430 (2000).

La Lexus IS300 (2000), modèle de production conçu par le Centre de Style de Nagoya.
Ci-dessous. Le tableau de bord de la Lexus LS430 (2000).

Morohoshi nella modelleria interni del Centro Stile del quartiere generale Toyota di Nagoya (TMC).

Morohoshi in the interior modelling shop at Design Centre of Toyota headquarters (TMC) in Nagoya.

Morohoshi dans l'atelier de maquettes d'intérieurs du Centre de Style du siège central de Toyota à Nagoya (TMC).

delle convenzioni acquisite nel tempo. Se la Yaris ridefinisce il concetto di vettura di piccole dimensioni, perché è molto grande all'interno e possiede un bagaglio di tecnologia simile a quello di una vettura di gamma più alta, il RAV4 fa lo stesso con il concetto di 4x4, cambiando i canoni usuali di dimensioni e ingombri del segmento dei piccoli fuoristrada, così come la Previa rappresenta una rivisitazione del segmento MPV."
Non appare immediata l'applicazione di simili principi al marchio di lusso del Gruppo, Lexus. "È molto diverso il discorso per questo marchio, che è di più recente nascita e in grande ascesa. È

It would not appear immediately possible to apply similar principles to the Group's luxury brand, Lexus. "This brand is an entirely different issue, given that it was launched more recently and is gaining popularity fast. We had to consider the question very carefully, given that Lexus is number one in the United States and is enjoying increasing success in Europe. These factors are certainly strengths for us but they also make us more visible and therefore we can't afford to put a foot wrong. The identity of Lexus cars will have to evolve according to the new precepts of luxury, which are vastly different from those of

partie d'un processus entamé depuis longtemps, qui exige une revisitation des conventions acquises au fil des années. Si la Yaris redéfinit le concept de voiture de petite taille, parce qu'elle est très grande à l'intérieur et parce qu'elle possède un bagage technologique semblable à celui d'une voiture de gamme plus haute, il en est de même pour le RAV4 par rapport au concept de 4x4, qui change les canons habituels de dimensions et d'encombrements du segment de petites tout-terrain, tout comme la Previa constitue une revisitation du segment MPV."
Par contre, l'application de ces principes à la marque de luxe du Groupe, Lexus,

stato necessario ponderare la situazione in modo particolarmente accurato, dal momento che la Lexus è al primo posto negli Stati Uniti e che in Europa sta avendo sempre più successo. Questi elementi giocano a nostro favore, certo, ma ci rendono molto visibili e quindi non possiamo fare passi falsi. L'identità delle vetture Lexus dovrà evolversi secondo i nuovi canoni del lusso, che sono profondamente diversi rispetto a dieci, quindici anni fa. Siamo passati da un lusso appariscente e per pochi a un lusso più smorzato e incentrato sulla fruizione personale. Questo significa che un'automobile di lusso non deve essere

ten to fifteen years ago. We've evolved from a more ostentatious type of luxury for the very few to a softer approach focused on personal usability. This means a luxury car must no longer be something to show off but an object that maintains its identity over time and space, that fits in everywhere and satisfies its owner. It's not easy to create simple lines and volumes that are also aesthetically attractive, but this is what we feel a top-of-the-range car must offer today. Design is a must, but for cars like the Lexus in particular this not only concerns the shape of the car, it also includes the expression of an entire

n'est pas évidente. "Le discours pour cette marque est tout à fait différent, car elle est plus récente et en plein essor. Il a fallu pondérer très attentivement la situation, du moment que Lexus est en première position aux Etats-Unis et qu'en Europe son succès ne cesse d'augmenter. Ces éléments jouent en notre faveur, certes, mais nous rendent très visibles et, par conséquent, nous ne pouvons pas nous permettre de faire de faux pas. L'identité des voitures Lexus devra évoluer suivant les nouveaux canons du luxe, qui ont profondément changé par rapport à il y a dix-quinze ans. Nous sommes passés d'un luxe ostentatoire et

La city car ist, lanciata sul mercato giapponese nel 2002, e la monovolume Previa, progettate dal TMC di Nagoya.

The ist city car, launched on the Japanese market in 2002, and the Previa MPV, both designed at the TMC Design Centre in Nagoya.

Le city car ist, lancé sur le marché japonais en 2002, et la monovolume Previa, tous deux conçus par le Centre de Style TMC de Nagoya.

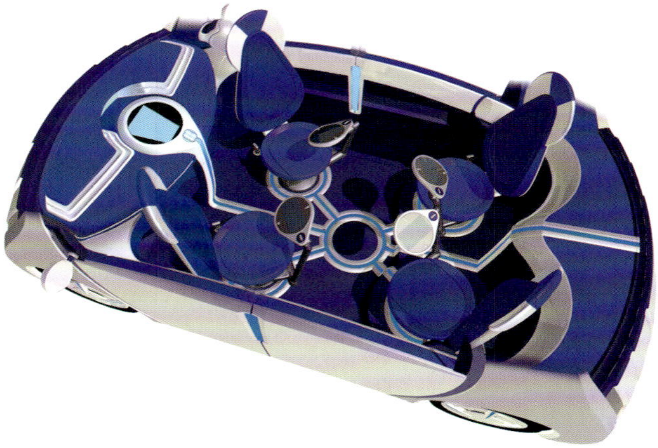

Due figurini virtuali per il concept car p.o.d. (Personalization On Demand), presentato al Salone di Tokyo del 2001.
A destra. Gli atelier del Toyota Advanced Design di Tokyo.

Two virtual renderings showing the p.o.d. (Personalisation On Demand) concept car presented at the Tokyo Motor Show in 2001.
Opposite. The Toyota Advanced Design studios in Tokyo.

Deux croquis virtuels pour le concept car p.o.d. (Personalization On Demand), présenté au Salon de Tokyo de 2001.
Page à côté.
Les ateliers du Toyota Advanced Design de Tokyo.

qualcosa da ostentare, ma un oggetto che mantenga nel tempo e nello spazio la sua identità, che stia bene ovunque e che appaghi il suo possessore. Non è facile creare linee e spazi semplici e allo stesso tempo interessanti esteticamente, ma è quello che secondo noi deve caratterizzare un'auto d'alta gamma oggi. Il design sempre, ma in particolare per vetture come le Lexus, non riguarda solo la definizione della forma di un'automobile, ma l'espressione di un intero modo di vivere; una semplicità adatta a qualunque luogo e allo stesso tempo intrigante, un ambiente in cui il lusso è anche comunicazione di sensazioni, di cultura, raffinata capacità di anticipare i desideri di chi è a bordo senza però interferire con la sua volontà." E per esprimere con chiarezza questa idea, Morohoshi utilizza una definizione che diviene la sintesi stessa del marchio: "*Lexus finesse*, abbreviato in L-finesse, è l'espressione che usiamo per descrivere l'essenza della Marca, sia a livello mentale che a livello tangibile."
A questo proposito, per fare un esempio del significato di lusso nelle vetture Lexus di ultima generazione, è utile un parallelo culturale che ribadisce cosa Morohoshi intenda quando dice che i prodotti del mercato globale devono

lifestyle. In this case, a level of simplicity appropriate to all places and at the same time intriguing, an environment where luxury also means communicating sensations, culture, and a refined capability to anticipate the wishes of those on board but without interfering with personal desires." Kazuo Morohoshi explains that the single phrase that encompasses this way of thinking is the Lexus finesse: "L-finesse, for short, is the expression we use internally to describe the sense of Lexus on both a physical and mental level."
On this subject, and to give an example of luxury on Lexus cars, it might be useful to suggest a cultural parallel that points up what Morohoshi means when he says products for the global market must bring with them something of their country of origin. Movements of onboard features on certain models in the range, like, for instance, the indicators on the information panel, or the way the glass-holder and ashtray open out from the facia. Movements modulated over the space they cover, that don't just follow a continuous flow. This is not a question of practicality but of aesthetics. It manages to convey a concept of luxury that derives directly from Japanese tradition. In the tea ceremony the

réservé à une élite à un luxe plus discret et centré sur le plaisir personnel. Cela signifie qu'une voiture de luxe ne doit pas être quelque chose à exhiber, mais un objet qui maintient dans le temps et dans l'espace sa propre identité, qui ne dérange en aucun endroit et qui satisfait son possesseur. Il n'est pas facile de créer des lignes et des espaces à la fois simples et intéressants sur le plan esthétique, mais c'est ce qui, d'après moi, doit caractériser une voiture de haut de gamme aujourd'hui. Le design toujours, mais plus particulièrement pour des voitures comme les Lexus, ne signifie pas seulement la définition de la forme d'une automobile, mais aussi l'expression de tout un mode de vie, une simplicité convenant à n'importe quel lieu et qui soit en même temps stimulante, un milieu où le luxe est aussi communication de sensations, de culture, de capacité raffinée d'anticiper les désirs de celui qui est à bord sans pour autant interférer avec sa volonté." Et pour exprimer avec clarté cette idée, Morohoshi adopte une définition qui devient la synthèse même de la marque: "*Lexus finesse*, en abrégé L-finesse, est l'expression que nous employons pour décrire l'essence de la marque sur le plan tant abstrait que tangible." A ce propos, pour comprendre ce

portare con sé qualcosa del paese da cui provengono. I movimenti delle dotazioni di bordo di alcuni modelli della gamma, come ad esempio gli indicatori del pannello informazioni, o la fuoriuscita dei portabicchieri e del posacenere dalla plancia, sono modulati nello spazio che percorrono, non seguono un solo andamento continuo. Tale accorgimento non ha una funzione pratica, ma estetica, in grado di comunicare un concetto di lusso che deriva direttamente dalla tradizione giapponese. Nella cerimonia del tè, la modulazione dei movimenti, la loro lentezza e la loro accuratezza, i diversi ritmi che seguono, rendono un'azione potenzialmente poco interessante, normalmente banale, piena di fascino e seduzione, tanto da far dimenticare la "noia" dell'inattività e rilassare chi guarda. A questo studio dei dettagli si accompagna però una più "occidentale" concezione del design che, nel caso della Lexus in particolare, si traduce nella massima caratterizzazione dell'impatto visivo generale.

"Lexus è una Marca decisamente giovane, sia rispetto alla Toyota, sia rispetto agli altri costruttori e questo può diventare un punto di forza, perché permette una maggiore libertà nella definizione di temi stilistici attuali e durevoli. Non ci sono né vincoli del passato, né retaggi da mantenere per forza. Un esempio è il lavoro che stiamo facendo sui temi della parte frontale dei modelli Lexus, in cui stiamo concentrando i punti di maggiore riconoscibilità, per farne un segno di distinzione durevole, che comunichi continuità ai clienti. Questa identità è già presente nei prodotti Toyota, ma con la nuova impostazione della struttura del design del Gruppo, tutti i prodotti potranno evolvere secondo il marchio che li contraddistingue, oltre che in base ai contributi dei diversi Centri Stile distribuiti in Giappone e nel mondo. Questo significa che, mentre fino al secolo scorso

modulation of movements, their slow pace and precision, the various rhythms they follow, turn what would be a potentially uninteresting, normally banal action into one that is full of fascination and seduction. A process that manages to nullify the "boredom" of inactivity and relax those who are looking on. But this study of detail is accompanied by a more "Western" concept of design that, in the case of Lexus in particular, translates into maximum characterisation of the general visual impact.

"Lexus is a decidedly young brand, both compared with Toyota and other manufacturers' brands, and this can become a strength, because it allows greater freedom when defining up-to-date, durable stylistic features. There are no constraints imposed by the past or traditions that have to be maintained at all costs. An example is the work we are doing on the front section of Lexus models where we are concentrating the most recognisable features to make them a durable distinguishing sign that communicates continuity to customers. This identity is already present in Toyota products but in the new Group design set-up all products will be able to evolve according to the brand they belong to, and to whatever contributions come from the various Design Centres located in Japan and abroad. This means that while in the past century design was only a way of creating pleasant, attractive shapes, merely a formal question, today it's a more complex process in which total efficiency counts heavily. Shape must express and utilise concepts too. One of the features of our culture has always been an ability to 'compress' space and time, to make the most of small environments in a rational manner, a factor almost completely lacking in American culture and design. Today Toyota design is asking itself what benefits of Japanese culture can be incorporated in its products.

Il concept DMT (Dual Mode Traveler), ancora uno studio dell'Advanced Design di Tokyo per il Salone del 2001.

The DMT (Dual Mode Traveller) concept car, again a study from Advanced Design in Tokyo for the 2001 Motor Show.

Le concept car DMT (Dual Mode Traveler), encore une étude présenté au Salon de Tokyo de 2001.

que signifie le luxe dans les voitures Lexus de la dernière génération, il est utile de faire un parallèle culturel qui met l'accent sur ce que Morohoshi entend lorsqu'il dit que les produits du marché global doivent porter en soi quelque chose du pays d'où ils proviennent. Les mouvements des équipements de bord de certains modèles de la gamme, par exemple, les indicateurs du panneau d'information, ou la saillie des porte-verre et du cendrier du tableau de bord, sont modulés dans l'espace qu'ils parcourent, ils ne suivent pas une ligne continue unique. Et cela n'a pas une fonction pratique, mais esthétique en mesure de communiquer un concept de luxe qui vient directement de la tradition japonaise. Dans la cérémonie du thé, la modulation des mouvements, leur lenteur et leur raffinement, les différents rythmes qu'ils suivent, rendent une action potentiellement peu intéressante, normalement banale, pleine de charme au point de faire oublier l'"ennui" de l'inactivité et de détendre celui qui regarde. A cette étude des détails s'accompagne toutefois une conception plus "occidentale" du design qui, dans le cas de la Lexus notamment, se traduit par une très forte caractérisation de l'impact visuel d'ensemble.
"Lexus est une marque décidément jeune, aussi bien par rapport à Toyota que par rapport aux autres constructeurs et cela peut devenir un point de force, parce qu'il permet une plus grande liberté dans la définition de thèmes stylistiques actuels et durables. Il n'y a pas les contraintes du passé ou une hérédité à garder obligatoirement. Par exemple, le travail que nous sommes en train de faire sur les thèmes de la partie frontale des modèles Lexus, où nous concentrons les points les plus reconnaissables, pour en faire un signe de distinction durable, qui communique aux clients la continuité. Cette identité est déjà présente dans les

il design era soltanto un modo per creare forme piacevoli e belle, una questione puramente formale, oggi è un processo più complesso in cui conta molto l'efficienza totale. La forma deve esprimere e utilizzare anche dei concetti. Una delle caratteristiche della nostra cultura è stata sempre la capacità di 'comprimere' lo spazio e il tempo, di sfruttare con razionalità gli ambienti ristretti, elemento che al design e alla cultura americani manca quasi del tutto. Oggi il design Toyota si chiede quali vantaggi la cultura giapponese possa apportare ai suoi prodotti. Tutto è ristretto in Giappone e questa idea applicata all'automobile è vincente."

Concetti che sembrano quasi suggerire una sorta di rivincita dei designer del paese del Sol Levante. Infatti, se per decenni la forma pura è stata il centro del successo di un prodotto automobilistico, e il Giappone non era certo competitivo in quel campo, oggi il mercato delle vetture di massa e le condizioni urbane vogliono prodotti di qualità sempre più alta ma di dimensioni sempre più ridotte, e il Giappone ha molto da insegnare in materia, dal momento che può contare su una tradizione secolare nell'arte di sfruttare gli spazi, di concentrare le funzioni in luoghi di piccole dimensioni e

Everything in Japan is compressed and this becomes a winning idea when applied to cars."

Concepts that almost seem to suggest a kind of revenge for designers in the Land of the Rising Sun. For decades pure form lay at the heart of the success of car products, and Japan was certainly not competitive in that field. Today's mass-produced car market and urban conditions demand products of increasingly higher quality but ever small size and Japan has much to teach on that score, given that it can count on centuries of tradition in the art of exploiting space, concentrating functions in small places and making apparently insignificant things beautiful.

The new face of the Toyota Group has not come about because of some sudden structural change. It's the result of a reorganisation, a development which has taken place over time and that today is ready to be fully operational, as can be understood by listening to Morohoshi's description of the current and future manner of cooperation between Toyota Design Centres around the world. If in the new mode of operation design has become the hub of company policy, the Nagoya headquarters and its Design Centre have consolidated their role of

produits Toyota, mais avec la nouvelle organisation de la structure du design du Groupe, tous les produits pourront évoluer non seulement selon la marque qui les distingue, mais aussi grâce aux apports des divers Centres de Style au Japon et dans le monde. Cela signifie que, tandis que jusqu'au siècle dernier le design n'était qu'une façon de créer des formes agréables et belles, une question purement formelle, aujourd'hui c'est un processus plus complexe où compte beaucoup l'efficacité totale. La forme doit exprimer et utiliser aussi des concepts. L'une des caractéristiques de notre culture a toujours été la capacité de 'comprimer' l'espace et le temps, d'exploiter rationnellement les volumes réduits, un élément qui fait presque entièrement défaut à la culture et au design américains. Aujourd'hui le design Toyota se demande quels sont les avantages que la culture japonaise peut apporter à ses produits. Tout est restreint au Japon et cette idée appliquée à la voiture est gagnante."

Des concepts qui semblent presque suggérer une sorte de revanche des designers du pays du Soleil-Levant, parce que si pendant des décennies la forme pure a été la clé du succès d'un produit automobile – le Japon n'était certaine-

Momenti di lavoro al Centro Stile europeo di Nizza.

Views of "work in progress" at the European Design Centre in Nice.

Des moments de travail au Centre de Style européen de Nice.

La Yaris (1999), prima utilitaria della Toyota pensata per l'Europa, è stata sviluppata nel Centro Stile di Sophia Antipolis. Il suo successo ha rivoluzionato la presenza del marchio giapponese nel Vecchio continente. Sotto. La Lexus SC430 (2001), sportiva del marchio di lusso del Gruppo.

The Yaris (1999), Toyota's first compact designed for the European market, was developed at the Design Centre in Sophia Antipolis. Its success has revolutionised the Japanese brand's presence on the Old continent. Bottom. The Lexus SC430 (2001), a sports car from the Group's luxury brand.

La Yaris (1999) est la première voiture utilitaire de Toyota conçue pour l'Europe par le Centre Style de Sophia Antipolis. Son succès a révolutionné la présence de la marque japonaise sur le Vieux continent. A droite. La Lexus SC430 (2001), sportive de la marque de luxe du Groupe.

Due schizzi a colori realizzati nel Centro Stile di Nizza per l'ultima generazione della berlina Avensis.

Two colour sketches produced by the Nice Design Centre for the latest-generation Avensis saloon.

Deux croquis en couleur réalisés au Centre de Style de Nice pour la dernière génération de la berline Avensis.

La plancia dell'UUV (Urban Utility Vehicle), concept car sviluppato a Nizza e presentato al Salone di Ginevra nel 2002.
Pagina a fianco. Due immagini dell'attività al Calty di Newport Beach.

The instrument panel on the UUV (Urban Utility Vehicle), the concept car designed in Nice and presented at the Geneva Motor Show in 2002.
Opposite. Two photos of activities at Calty, Newport Beach.

Le tableau de bord du concept car UUV (Urban Utility Vehicle), conçus par le Centre de Style de Nice et présenté au Salon de de Genève en 2002.
Page suivante. Deux images de l'activité au Calty de Newport Beach.

di rendere bello ciò che è apparentemente insignificante.
Il nuovo volto del Gruppo Toyota non si traduce nella realtà in cambiamenti strutturali improvvisi, ma è piuttosto il risultato di una riorganizzazione, di uno sviluppo che si è realizzato nel tempo e che oggi è pronto per funzionare al meglio, come si può comprendere ascoltando la descrizione che Morohoshi fa del presente e futuro modo di collaborare dei Centri Stile Toyota nel mondo. Se, nel nuovo corso, il design diventa il centro della politica aziendale, il quartier generale di Nagoya e il suo Centro Stile consolidano il loro ruolo di leader assoluto

absolute leadership vis-à-vis the studios in Nice, Tokyo or at Calty.
"Initially the secondary centres' task was to soak up the specific culture of the place concerned," clarifies Morohoshi, "and create made-to-measure products for that particular market. Today, instead, their role is one of mutual cooperation, interdependence, even competition between themselves and the central unit. This means an interweaving of geographical and intellectual points of view that will lead to products that are more global, forged on the basis of the brand and not only of the country for which they are destined. But our products will

ment pas compétitif dans ce domaine – actuellement le marché des voitures de masse et les conditions des villes requièrent des produits de qualité toujours plus élevée, mais de dimensions toujours plus réduites, et le Japon a beaucoup à enseigner en la matière, du moment qu'il peut compter sur une tradition séculaire dans l'art d'exploiter les espaces, de concentrer les fonctions dans des lieux de petites dimensions et de rendre beau ce qui est apparemment insignifiant.
Le nouveau visage du Groupe Toyota ne se traduit pas dans la réalité par des changements structurels soudains, mais il est plutôt le résultat d'une réorganisation, d'un développement qui s'est réalisé au fil du temps et qui aujourd'hui est prêt à fonctionner au mieux, comme on peut le comprendre en écoutant la description que Morohoshi nous fait du mode présent et futur de collaborer des Centres de Style Toyota dans le monde. Si, dans le nouveau cours, le design devient le centre de la politique d'entreprise, le quartier général de Nagoya et son Centre de Style consolident leur rôle de leader absolu vis-à-vis des ateliers de Nice, du Calty et de Tokyo.
"Au début, les établissements délocalisés servaient à absorber la culture spécifique du lieu – explique Morohoshi – et à créer des produits sur mesure pour un marché donné. Aujourd'hui, au contraire, ils acquièrent un rôle de collaboration réciproque accrue, d'interdépendance, de compétition aussi bien entre eux qu'avec le siège central. Il pourra y avoir un échange de points de vue, géographiques et mentaux, qui mènera à des produits plus globaux, modelés selon la marque et non seulement selon le pays auquel ils sont destinés, mais porteurs aussi de détails qui permettent d'identifier l'apport de la culture originelle, la japonaise. Les gens aiment bien cela. Je crois qu'aujourd'hui il est fondamental de travailler sur la fusion des cultures et, dans ce

rispetto ai Centri Stile di Nizza, del Calty e di Tokyo.
"Inizialmente le sedi distaccate servivano per assorbire la cultura specifica del luogo – chiarisce Morohoshi – e creare prodotti su misura per un singolo mercato. Oggi invece assumono un ruolo di maggiore collaborazione reciproca, di interdipendenza, anche di competizione tra loro e con la sede centrale. Ci potrà essere un intreccio di punti di vista, geografici e mentali, che porterà a prodotti più globali, plasmati in base al marchio e non solo al paese cui sono destinati, ma anche portatori di dettagli che permettano di identificare il contributo della cultura originale, quella giapponese. Alla gente piace questo. Credo che oggi sia fondamentale lavorare sulla fusione delle culture e, in questo senso, Internet è uno strumento straordinario, perché ci permette di comunicare e lavorare insieme con continuità, senza dover viaggiare di persona da un continente all'altro per vedere il lavoro di un altro Centro Stile."
Sentir parlare di Internet e di comunicazione diretta e immediata suggerisce un collegamento con un altro luogo recentemente aperto al pubblico e che in un certo modo si inserisce nella nuova concezione del design Toyota: il centro Mega Web di Odaiba, nella baia di Tokyo, una sorta di mostra multimediale permanente dei prodotti del Gruppo, dove lo scopo della visita non è l'acquisto di una vettura, ma l'osservazione, l'apprendimento, il divertimento.
"Il Mega Web è molto significativo per comprendere l'approccio al design che abbiamo e che intendiamo perseguire in futuro. La gente nel design cerca la forma, ma anche la rappresentazione di uno stile di vita, di sensazioni, necessità e funzioni, di ritmi. È utile, anzi fondamentale, stabilire un contatto diretto con il pubblico, con le sue idee e reazioni per capire come soddisfarlo. Ricerche di

Due volti dei fuoristrada di oggi, sviluppati al Calty. Il concept RSC (Rugged Sport Coupé) del 2001 e il RAV4, simbolo del successo Toyota nel segmento.

Two faces of today's sport utility models, both developed at Calty. The RSC (Rugged Sport Coupé) concept and the RAV4, symbol of Toyota's success in this segment.

mercato o simili sono metodi troppo indiretti e freddi, mentre chi visita il Mega Web è in una condizione di svago, di esplorazione e di ricettività e ciò che comunica è più spontaneo e immediato. Si può osservare una vettura per ore senza che nessun addetto alla vendita venga a disturbarti, oppure passare dall'una all'altra e acquisire in poco tempo un'idea di tutta la gamma di prodotti del Gruppo o ancora partecipare a forum sul design e sulle tecnologie. Ascoltiamo le proposte delle persone, i loro commenti, che divengono poi materiale prezioso per designer, addetti alla comunicazione, al product planning, alle strategie, perché

also be carriers, containers of details that identify the contribution of their originating culture, Japanese culture. People like this. Today I believe it's fundamental to work on the fusion of cultures. In this sense the Internet is an extraordinary tool because it enables us to communicate and work together continuously without having to travel in person from one continent to another to see the work of another Design Centre."
To hear Morohoshi talk about the Internet and direct, immediate communication suggests a link with another place recently opened to the public that in a way is part of the new Toyota design concept, the Odaiba Mega Web centre in the Bay of Tokyo. This is a sort of permanent multimedia exhibition for Group products where the aim of the visit is not to buy a car but observation, learning and enjoyment. "The Mega Web is very significant for understanding the approach to design we have adopted and intend to pursue in the future. People in design not only search for form but also the representation of a lifestyle, sensations, needs, functions and rhythms. It's useful, indeed essential, to establish direct contact with the public, with its ideas and reactions, to understand how to satisfy it. Market research and similar methods are too indirect and cold, whereas those visiting the Mega Web are in a leisure situation, they explore and are receptive and what they communicate is more spontaneous. People can observe a car for hours and no sales person will come and disturb them. Or they can move from one car to another and get an idea of the Group's entire product range in little time at all, or even participate in forums on design and technology. We listen to people's proposals, their comments, and these become a valuable tool for designers and staff involved in communication, product planning, strategies, because in one day hundreds

sens, Internet est un outil extraordinaire parce qu'il permet de communiquer et de travailler ensemble en permanence sans devoir voyager personnellement d'un continent à l'autre pour voir le travail d'un autre Centre de Style."
Entendre parler d'Internet et de communication directe et immédiate fait penser à la liaison avec un nouvel espace récemment ouvert au public et qui, en quelque sorte, fait partie de la nouvelle conception du design Toyota: c'est le centre Mega Web d'Odaiba, dans la baie de Tokyo, une sorte d'exposition multimédia permanente des produits du Groupe, où l'on va non pas pour acheter une voiture, mais pour observer, apprendre, s'amuser.
"Le Mega Web est très significatif pour comprendre notre approche du design, que nous entendons continuer à l'avenir. Les gens cherchent dans le design la forme, mais aussi la représentation d'un style de vie, de sensations, de nécessités et de fonctions, de rythmes. Il est utile, voire fondamental d'établir un contact direct avec le public, avec ses idées et ses réactions pour comprendre comment le satisfaire. Les enquêtes de marché ou autres sont des méthodes trop indirectes et froides, tandis que ceux qui visitent le Mega Web sont dans des conditions de temps libre, d'exploration et de réceptivité et ce qu'il communique est plus spontané et plus immédiat. On peut observer une voiture pendant des heures sans qu'aucun vendeur ne vienne vous déranger, ou bien passer de l'une à l'autre et se faire en peu de temps une idée de toute la gamme des produits du Groupe ou encore participer à des forums sur le design et sur les technologies. Nous écoutons les propositions des gens, leurs commentaires, qui deviennent ensuite un matériel précieux pour les designers, les préposés à la communication, au product planning, aux stratégies, parce que chaque jour des centaines d'informations

Un progetto: soluzioni a confronto. Dall'alto, la Lexus RX300 (2003) nella versione definitiva sviluppata dal quartiere generale di Nagoya e due proposte di stile realizzate dallo stesso TMC e dal Calty.

One design, different proposals. Top to bottom, the final version of the Lexus RX300 (2003) designed by the Nagoya Design Centre, also shown in colour renderings, produced by the same studios and by Calty.

Un projet: solutions en comparaison. De haut en bas, la Lexus RX300 (2003) dans sa version définitive présentée par le Centre de Style de Nagoya et dans deux croquis en couleur réalisés par le même atelier et par le Calty.
Page précédente.
Deux aspects des tout-terrain d'aujourd'hui réalisés par le Calty. Le concept RSC (Rugged Sport Coupé) de 2001 et le RAV4, symbole du succès Toyota dans le segment.

Dall'alto. La proposta presentata dal Centro Stile di Nizza per la RX300 e una versione presentata dagli atelier di Nagoya.

Top to bottom. The RX300 proposal submitted by the Nice Design Centre and another version presented by the Nagoya studios.

De haut en bas. La proposition présentée par le Centre de Style de Nice pour la RX300 et une autre version présentée par les ateliers de Nagoya.

ogni giorno centinaia di informazioni possono essere raccolte direttamente dai visitatori e utilizzate per migliorare prodotti e servizi. Tutto questo è essenziale per raggiungere un pubblico giovane, che in passato si avvicinava con difficoltà ai prodotti Toyota perché considerati 'per anziani'. E i giovani in Giappone sono davvero una risorsa, per la velocità con cui cambiano le mode e i loro gusti, che poi spesso si diffondono anche all'estero. Le Toyota del futuro saranno lo specchio dei desideri di ogni fascia di età e l'interpretazione delle loro evoluzioni in linea diretta."

of pieces of information can be gathered directly from visitors and used to improve our products and services. All of this is essential if we are to reach that public of young people who in the past found it rather difficult to identify with Toyota products – products they considered to be for 'old people'. And young people in Japan are a true resource because of the speed with which they change fashions and tastes, changes that then also often spread abroad. Future Toyotas will reflect the desires of all age groups and be a direct interpretation of how they evolve."

peuvent être recueillies directement des visiteurs et utilisées pour améliorer les produits et les services. Tout cela est essentiel pour atteindre un public jeune, qui auparavant s'approchait avec méfiance des produits Toyota parce qu'ils étaient jugés bons 'pour les personnes âgées'. Et les jeunes au Japon sont vraiment une ressource, grâce à la vitesse à laquelle ils changent les modes et les goûts qui souvent se propagent ensuite à l'étranger aussi. Les Toyota du futur seront le miroir des désirs de chaque groupe d'âge, et l'interprétation de leurs évolutions en ligne directe."

Uno dei forum che
si svolgono al centro
Toyota Mega Web
di Odaiba, nella baia
di Tokyo.

Forum held at the
Toyota Mega Web
centre in Odaiba,
on the Bay of Tokyo.

Un forum au centre
Toyota Mega Web
de Odaiba, dans
la baie de Tokyo.

Kazuo Morohoshi. L'uomo, i suoi ricordi, i suoi pensieri

Kazuo Morohoshi. The man, his memories, his thoughts

Kazuo Morohoshi. L'homme, ses souvenirs, ses pensées

Fulvio Cinti

Kazuo Morohoshi è designer per vocazione. Tanti sono gli episodi, i fatti e i risultati ottenuti nel suo lungo iter professionale ad attestarlo. La fedeltà alla Toyota è da sola la testimonianza più incisiva a determinarne la predisposizione. Quarant'anni di lavoro dedicati alla stessa azienda che lo aveva assunto a poco più di venti rappresentano un traguardo raggiunto da pochi designer di rinomanza mondiale. Il percorso di Morohoshi alla Toyota è analogo a quello di Bruno Sacco alla Mercedes-Benz; temporalmente ha la stessa longevità e forse anche il modo in cui si è sviluppato. L'unica dissomiglianza è il terreno nel quale entrambi hanno esercitato la professione affermandosi ai massimi livelli: Morohoshi, giapponese, nel proprio paese; Sacco, italiano, in Germania. Differenza non trascurabile per le implicazioni di vario tenore, origini, cultura, lingua, riflessi storici e sociali. Ma al di là delle difficoltà maggiori o minori incontrate lungo il percorso, il parallelismo delle due storie si ricompone idealmente nei risultati ottenuti da entrambi.

Kazuo Morohoshi nasce a Tokyo alla vigilia del drammatico conflitto che vedrà il Giappone vinto e sottomesso all'influenza degli Stati Uniti, che ne

Kazuo Morohoshi is a designer by vocation. And there are many episodes, facts and results achieved throughout his long career that go to prove this. His loyalty to Toyota alone is the most telling evidence of his natural bent. A working life of forty years dedicated to the same company that hired him when he was just over twenty is a goal few world-famous designers can boast. Morohoshi's career at Toyota is similar to that of Bruno Sacco at Mercedes-Benz; in terms of time they are the same, and perhaps even the way they developed. The only difference is the situation in which both have pursued their profession and risen to worldwide recognition: Morohoshi, Japanese, in his own country; Sacco, Italian, in Germany. By no means a small difference considering the various factors involved – origin, culture, language and historical and social repercussions. But leaving aside the issue of who had to face greater or lesser difficulties throughout their long careers, the similarity of these two stories is most aptly summed up by the results both achieved.

Kazuo Morohoshi was born in Tokyo on the eve of a dramatic conflict that ended with the defeat of Japan and saw the country subjected to the influence of

Kazuo Morohoshi est designer par vocation. Nombreux sont les épisodes, les faits et les résultats obtenus au cours de sa longue carrière professionnelle qui l'attestent. Sa fidélité à Toyota suffirait à elle seule à témoigner de façon incisive sa prédisposition au design. Quarante ans de travail consacrés à la même entreprise qui l'avait embauché lorsqu'il avait un peu plus de vingt ans constituent un record atteint par un nombre très restreint de designers de renommée mondiale. Le parcours de Kazuo Morohoshi chez Toyota est semblable à celui de Bruno Sacco chez Mercedes-Benz; il est tout aussi long et peut-être s'est-il développé de la même façon. La seule dissemblance est le pays où ils ont exercé la profession en s'affirmant aux niveaux les plus hauts: Morohoshi, Japonais, dans son propre pays; Sacco, Italien, en Allemagne. Une dissemblance qui n'est pas négligeable pour les implications de différentes teneurs, origines, culture, langue et répercussions historiques et sociales. Mais, au-delà des difficultés plus ou moins grandes rencontrées le long du parcours, le parallélisme des deux histoires se retrouve idéalement dans les résultats obtenus par chacun d'eux.

Una passione innata. Kazuo Morohoshi da bambino con il suo primo aereo.

An innate passion. Kazuo Morohoshi as a child with his first plane.

Une passion innée. Kazuo Morohoshi, enfant, avec son premier avion.

Morohoshi a due anni, nel 1942, con il padre Ichiro.

Morohoshi aged two, in 1942, with his father, Ichiro.

Morohoshi à deux ans, en 1942, avec son père Ichiro.

Oltre agli aerei, l'altra passione: la macchina fotografica.

Apart from planes there's another passion: cameras and photography.

L'autre passion, à part les avions: l'appareil photo.

the United States. America redrafted the Japanese constitution in an attempt to modify the local way of living and thinking (a move which Japan's strongly rooted culture resisted) to match the American model. These were Morohoshi's formative years and the social climate of the time had a strong effect on him, as is evident from his recollection of when and how he first felt a vocation for design.

"I was fascinated by the world of industrial products, above all American ones," Morohoshi explains, "and I imagined creating them myself with really interesting shapes. But of course in my early years I had dreams of being many things. At ten I was sure I would become a fighter pilot. But at that time Japan's air force was in a sad state and didn't offer many career opportunities. And so I gave up this idea and that of becoming an aerodynamics engineer too. However people who know me are well aware that apart from my job, my main interests are still flight and planes. What fascinates me most is not the sophisticated technology now available in the field of aviation but rather, in terms of how I see flying, man with his natural power."

"This is why," Kazuo Morohoshi continues, "for many years one of the most important aims of my research is flight based only on man's natural power. I do believe that nature and its energy are essential parts of technological processes. To design and build planes and see them fly powered only by man is a way of expressing this concept. The power of nature, with man at the centre, brings technology back to basics. Very often the high technology we have to use on cars undermines the role of human beings. I repeat, a plane that can fly powered only by leg muscles reaffirms the centrality of man and nature, in its purest state."

Kazuo Morohoshi naît à Tokyo à la veille du conflit dramatique qui verra le Japon vaincu et soumis à l'influence des Etats-Unis, qui redessineront la constitution cherchant à en modifier le mode de vie et de penser selon le modèle américain (auquel la culture forte et enracinée des Japonais ne s'est jamais adaptée). Ce sont les années de sa jeunesse et de sa formation et l'influence du climat social de l'époque qui l'a à peine effleuré transparaît dans ses mots lorsqu'il évoque le moment où s'est manifestée sa vocation pour le design.

"Le monde du produit industriel – raconte Kazuo Morohoshi – m'attirait beaucoup lorsque je regardais surtout les objets américains, que j'imaginais à mon tour de créer avec des formes si intéressantes. Il est vrai qu'il y a eu aussi d'autres passions parmi mes rêves de jeunesse. A dix ans, je voulais devenir un pilote d'avions militaires. A l'époque, toutefois, l'aviation japonaise n'était pas des plus florissantes et n'offrait guère de possibilités de carrière. Aussi écartai-je l'idée de faire des études d'aérodynamique. Ceux qui me connaissent savent toutefois qu'en dehors de mon travail, je m'intéresse encore beaucoup au vol et aux avions. Ce qui me séduit le plus dans ce domaine ce ne sont pas les technologies pointues disponibles aujourd'hui pour voler mais, d'après ma façon de concevoir le vol, au centre il y a l'homme avec sa force naturelle."

"C'est pourquoi – continue Morohoshi – depuis de nombreuses années l'un des objectifs majeurs de ma recherche est le vol réalisé avec la seule force de l'homme. Je crois que la nature et son énergie sont quelque chose d'essentiel dans les processus technologiques. Concevoir, construire et voir voler des avions actionnés par la seule puissance humaine est une façon d'exprimer

ridisegnarono la costituzione, cercando di modificare il modo di vivere e di pensare secondo il modello americano (al quale la cultura forte e radicata dei giapponesi non si adeguò). Sono gli anni della sua formazione giovanile e l'influsso che il clima sociale di quel momento lo abbia anche solo sfiorato traspare nel ricordo di quando e come egli avvertì in sé la vocazione per il design. "Quello del prodotto industriale – racconta Kazuo Morohoshi – era un mondo che mi attraeva guardando soprattutto gli oggetti americani, che immaginavo di creare a mia volta con forme così interessanti. È vero che nei miei sogni

What other passionate interests did you have before pursuing your vocation as a designer?
"At eighteen I played the drums in a group made up of boys my own age and my music teachers were convinced I should continue my studies and become a musician. It was a great dream, I really thought I had the talent, but I didn't have enough time to practice and study too: it was a passion but not a true vocation. Like the one for biology and study of nature in general. Then I enrolled at Chiba University to study industrial design and all my interests became focused on my future job. In effect

cette idée. Le pouvoir de la nature, avec au centre l'homme, transforme la technologie dans quelque chose d'élémentaire. Souvent la grande technologie que nous devons utiliser dans l'automobile réduit le rôle de l'être humain. J'aime à répéter qu'un avion qui vole actionné par les muscles des jambes ramène l'homme et la nature au centre, dans son état le plus pur."
Quelles ont été vos autres passions avant de suivre votre vocation de designer?
"A dix-huit ans je jouais la batterie dans un groupe de mon âge et mes enseignants de musique disaient qu'il fallait absolument que je continue les

Gli anni di studio all'Università di Ingegneria di Chiba; il giorno della laurea (Morohoshi è il primo da sinistra).

University years at the Engineering Department of Chiba University, and graduation day (Morohoshi is first on the left).

Les années d'étude à l'université d'ingénierie de Chiba et le jour du diplôme (Morohoshi est le premier à gauche).

giovanili ci sono state altre passioni. A dieci anni ero certo che sarei diventato pilota di aerei militari. A quell'epoca, però, l'aviazione giapponese non era molto fiorente e non offriva grandi possibilità di carriera. Così scartai anche l'idea di intraprendere quella di ingegnere aerodinamico. Chi mi conosce sa, tuttavia, che al di fuori del lavoro, il mio maggiore interesse è ancora oggi concentrato sul volo e sugli aerei. Ciò che mi seduce di più in questo campo non sono le sofisticate tecnologie ora disponibili per volare, bensì, secondo il mio modo di concepire il volo, nel centro c'è l'uomo con la sua forza naturale."
"Per questo – prosegue Morohoshi – da molti anni uno degli obiettivi più importanti della mia ricerca è il volo realizzato con la sola forza dell'uomo. Credo che la natura e la sua energia siano qualcosa di essenziale nei processi della tecnologia. Progettare, costruire e vedere volare aerei azionati dalla sola potenza umana è un modo per esprimere questa idea. Il potere della natura, con l'uomo al centro, trasforma la tecnologia in qualcosa di elementare. Spesso la grande tecnologia che dobbiamo utilizzare nell'automobile sminuisce il ruolo dell'essere umano. Ribadisco, un aereo che vola sospinto dai muscoli delle gambe riporta l'uomo e la natura al centro, al suo stato più puro."

Quali le altre sue passioni prima di imboccare la via vocativa del designer?

"A diciotto anni suonavo la batteria in un gruppo di coetanei e i miei insegnanti di musica dissero che dovevo assolutamente proseguire gli studi e diventare musicista. Era un bel sogno, pensavo anche di avere talento, ma non avevo abbastanza tempo per esercitarmi e studiare; erano passioni, non vocazioni vere e proprie. Come quella per la biologia e lo studio della natura in generale. Poi, entrai all'Università di Chiba per imparare le discipline dell'industrial design

the university course included many different subjects and this I found very positive as I'd never really had a strong interest in any one particular area. I was full of curiosity and enjoyed exploring different subjects and design covered many: graphic arts, design, technology, art, social and cultural aspects, both as regards Japan and at international level. A composite interest that enabled me to express many traits of my character. One of the skills I acquired during my study years was the capacity to observe and recognise positive things. I learned to be always ready to 'tune in' to the world around me and capture all that was attractive and interesting – aspects that are often only part of an object – and then work on this. For me creating above all means identifying the positive aspects of an idea to make it develop. If you only focus on the negative ones these end up affecting the whole process in a negative way. Instead if you capture the positive aspects and develop them then in the end they counteract or even cancel out the negative ones."

What did your family think about your decision to become a designer?

"Just as my ambition was to create objects, in a somewhat different way both my father and grandfather lived their lives with the ambition of doing something useful for their country. My grandfather set up a metalworking shop and later my father followed in his footsteps. According to Japanese tradition I should have carried on the family business. Being forced to automatically take over from my father was not easy to swallow, but neither was it easy to tell him I didn't intend to do so. With some misgivings my family accepted my decision. In 1963, when I graduated in industrial design from Chiba University I felt it was better to make the break from my family and Tokyo and move to Nagoya. Not that there were problems,

études pour devenir musicien. C'était un beau rêve, je pensais aussi avoir du talent, mais je n'avais pas assez de temps pour m'exercer et étudier; c'étaient des passions, pas des vocations proprement dites. Comme celle pour la biologie et l'étude de la nature en général. Puis je suis entré à l'université de Chiba pour apprendre les disciplines de l'industrial design et tous mes intérêts se sont axés sur le travail que j'allais faire. En effet, à l'université on étudiait différentes matières, ce qui, d'après moi, était un fait très positif car je n'avais jamais eu un intérêt marqué pour quelque chose en particulier; j'étais curieux de thèmes divers et le design en offrait beaucoup: l'art graphique, le dessin, la technologie, l'art et l'aspect social et culturel, tant japonais qu'international. Un intérêt composite qui me permettait d'exprimer nombre d'aspects de ma personnalité. Ce que j'ai le plus appris pendant mes années d'étude c'est la capacité d'observer et de reconnaître les choses positives. J'ai appris à orienter mes 'antennes' de façon à écouter le monde environnant de façon à cueillir ce qu'il y avait de beau et d'intéressant, à la rigueur seulement une partie d'un objet, pour ensuite y travailler. Pour moi créer signifie avant tout repérer les aspects positifs d'une idée et la faire croître. Si on ne se concentre que sur les aspects négatifs, ils finissent par influencer tout le processus. Si, au contraire, on se concentre sur les aspects positifs et on les développe, ceux-ci à la fin influencent voire annulent les aspects négatifs."

Quelle a été la réaction de votre famille lorsque vous lui avez dit que vous vouliez entreprendre la profession de designer?

"Pour ma part, j'aspirais à créer des objets, un autre métier mais avec la même passion que mon père et mon grand-père ont vécu leurs vies avec e tutti i miei interessi si canalizzarono verso il lavoro che avrei svolto. In effetti, all'università si affrontavano materie diverse e ciò era per me un fatto molto positivo poiché non avevo mai avuto un forte interesse per qualcosa in particolare. Nutrivo molta curiosità per temi diversi e il design ne racchiudeva molti: la grafica, il disegno, la tecnologia, l'arte, l'aspetto sociale e quello culturale, sia giapponese che internazionale. Un interesse composito che mi consentiva di esprimere molti aspetti della mia personalità. Ciò che più ho appreso negli anni di studio è la capacità di osservare e riconoscere le cose positive. Ho imparato a tenere le mie 'antenne' sempre orientate all'ascolto del mondo circostante in modo da cogliere ciò che c'è di bello e interessante, che magari è solo una parte di un oggetto, per poi lavorarci su. Creare, per me, significa soprattutto identificare gli aspetti positivi di un'idea e farla crescere. Se ci si concentra solo su quelli negativi, questi influenzano tutto il processo in maniera negativa. Se invece ci si raccoglie sugli aspetti positivi e li si fa crescere, questi alla fine influenzano o annullano i negativi."

Cosa disse la sua famiglia quando le comunicò di volere intraprendere la professione del designer?

"Come io aspiravo a creare degli oggetti, in modo diverso ma con l'identica aspirazione mio padre e mio nonno hanno vissuto le loro vite con l'obiettivo di fare qualcosa di utile per il loro paese. Mio padre aveva continuato il lavoro di mio nonno nell'officina di carpenteria meccanica da lui creata. Io, secondo la tradizione giapponese, avrei dovuto proseguire il lavoro iniziato da loro. L'obbligo di succedere automaticamente a mio padre non era facile da accettare, come non era altrettanto semplice dirgli che non intendevo proseguire nella sua stessa strada. A malincuore la

Dall'alto. Morohoshi con Raymond Loewy in occasione del California Design Award nel 1976; con Ferdinand Porsche; con Giorgetto Giugiaro.

Top to bottom. Morohoshi with Raymond Loewy during the California Design Award ceremony in 1976; with Ferdinand Porsche; with Giorgetto Giugiaro.

De haut en bas. Morohoshi avec Raymond Loewy lors du California Design Award en 1976; avec Ferdinand Porsche; avec Giorgetto Giugiaro.

Due passioni di
gioventù mai sopite:
la natura e la montagna,
la musica.

Two interests from
his youth that are still
alive: nature and
mountains, and music.

Deux intérêts de
jeunesse jamais
satisfaits: la nature
et la montagne,
la musique.

l'objectif de faire quelque chose d'utile pour leur pays. Mon père avait continué le travail de mon grand-père dans l'atelier de charpenterie mécanique qu'il avait créé lui-même. Selon la tradition japonaise, j'aurais dû continuer le travail qu'ils avaient commencé. L'obligation de succéder automatiquement à mon père n'était pas facile à accepter, tout comme ce n'était pas simple de lui dire que je n'entendais pas continuer son chemin. Ma famille a accepté ma décision à contre-cœur. En 1963, lorsque j'ai obtenu mon diplôme d'industrial design à l'université de Chiba, j'ai pensé aussi à m'éloigner de ma famille et à quitter Tokyo pour aller à Nagoya. Ce n'était pas une question de contrastes, mais je craignais qu'en restant avec eux, ils auraient essayé de me dissuader d'entreprendre une profession aussi solitaire dans une ville où personne de ma famille n'avait été. Nagoya était la ville de l'usine Toyota, une entreprise où l'on attribuait déjà beaucoup d'importance au design et qui offrait la possibilité de progresser. Comme tous ceux qui y entrent pour la première fois, j'ai dû travailler pendant un certain temps comme ouvrier. Mais j'avais trouvé mon indépendance tant matérielle que mentale."

Comment voyez-vous aujourd'hui que vous êtes arrivé au sommet du design de Toyota ces années du début de votre carrière?

"Comme une période de grandes études, de découverte et d'ouverture vers l'extérieur. Les voitures que le Japon produisait avant cette ouverture et cette recherche manquaient de justes proportions. L'essentiel pour nous, à l'époque, c'était de comprendre quelle devait être la forme d'une voiture."

Et les moments les plus importants?

"Sans aucun doute mon premier séjour aux Etats-Unis où je me suis rendu pour un atelier Toyota de dessin avancé.

Da anni Morohoshi è impegnato nella ricerca sui velivoli a propulsione umana. Sotto. Morohoshi con Dick Rutan (alla sua destra), pilota americano autore del primo giro del mondo in aereo senza rifornimento.

For some years Morohoshi has been working on research into human-powered vehicles. Below. Morohoshi with Dick Rutan (to his right), the American pilot who made the first round-world trip by plane without refuelling.

Depuis des années Morohoshi s'adonne à la recherche sur les avions à propulsion humaine. A côté. Morohoshi avec Dick Rutan (à sa droite), pilote américain auteur du premier tour du monde en avion sans ravitaillement.

mia famiglia accettò la decisione. Nel 1963, quando arrivai alla laurea in industrial design all'Università di Chiba, pensai anche di allontanarmi dalla famiglia e da Tokyo per raggiungere Nagoya. Non era una questione di contrasti, ma temevo che, restando con loro, avrebbero cercato di dissuadermi dall'intraprendere una professione così solitaria in una città in cui nessuno della mia famiglia era stato. Nagoya era la città della Toyota, un'azienda ove già si attribuiva molta importanza al design e che offriva la possibilità di crescere. Come tutti coloro che vi entravano per la prima volta, ho dovuto lavorare per un

but I was afraid that if I stayed put they would try and dissuade me from embarking on such a solitary profession in a town that not one single member of my family had ever visited. Nagoya was the home of Toyota, a company that already placed great importance on design and offered possibilities for growth. Like all new people joining the company I had to work for a certain time on the factory floor. But I had found both material and mental independence."

What do you think about those early years of your career today, now that you are heading up design at Toyota?

"It was a period of very intense study,

A mon arrivée en Californie, je devais chercher moi-même le lieu et le bâtiment où établir le centre du Calty. Puis j'y suis resté huit ans à le diriger."

Mais vous aviez déjà eu une expérience américaine...

"Oui, en 1969, lorsque j'avais fréquenté pendant un an le cours d'étude à l'Illinois Institute of Technology. Mais cela n'avait pas été facile de rencontrer et de comprendre une culture aussi différente. De retour au Japon, j'avais toutefois essayé de transmettre les sensations que j'avais éprouvées. Il ne s'était agi que d'un premier contact avec le monde de l'étude. Sept années plus

Due diversi modelli dello "Human-powered aircraft" di Morohoshi. Fino a oggi sono otto le versioni progettate e costruite dal designer e dalla sua équipe.

Two different versions of the "Human-powered aircraft" by Morohoshi's team. As of today a total of eight versions has been designed and built.

Deux différents modèles du "Human-powered aircraft" de Morohoshi et de son équipe. Jusqu'à présent, il en a conçu et construit huit versions.

certo tempo come operaio. Ma avevo trovato un'indipendenza sia materiale che mentale."

Come vede, oggi che è arrivato ai vertici del design della Toyota, quegli anni dell'inizio della carriera?

"È stato un periodo di grande studio, di scoperta e apertura verso l'esterno. Le vetture che il Giappone produceva prima di questa apertura e indagine mancavano di giuste proporzioni. Per noi, allora, era essenziale capire quale doveva essere la forma di un'automobile."

E i passaggi più importanti?

"Senza alcun dubbio la prima permanenza negli Stati Uniti ove mi recai per aprire uno studio Toyota di disegno avanzato. Arrivando in California, cercai io stesso il luogo e l'edificio in cui stabilire il Centro del Calty. Poi sono rimasto otto anni a dirigerlo."

Ma lei aveva già avuto un'esperienza americana?

"Sì, nel 1969, quando avevo frequentato per un anno il corso di studio all'Illinois Institute of Technology. Ma non era stato facile incontrare e capire una cultura così diversa. Tornando in Giappone avevo tuttavia cercato di trasmettere le sensazioni che avevo vissuto. Si era trattato solo di un primo contatto con il mondo dello studio. Sette anni dopo, discovery and opening up to the outside world. The cars Japan produced prior to opening up and studying the market lacked the right proportions. For us, at the time, the essential thing was to understand what shape a car should have."

And the most important steps?

"Without a doubt my first stay in the United States to work on the set up for Toyota Advanced Design studios. When I arrived in California I myself had to find the location and the building to set up Calty Design Centre. And then I remained there for eight years to manage it."

But hadn't you already been to America before this?

"Yes, in 1969, for a one year course of studies at the Illinois Institute of Technology. But it wasn't easy to make contact with and understand such a different culture. Although when I got back to Japan I tried to transmit my impressions of this experience. But this was only an initial contact with the world of research. Seven years later, when I went to California to open Calty Design Centre, the major difficulty was working in close contact with the American environment, particularly with local designers. Above all at the beginning we tard, revenu en Californie pour ouvrir le Centre du Calty, la plus grande difficulté avait été de travailler en contact étroit avec la réalité américaine, notamment avec les designers locaux. Il y avait très souvent, au début surtout, de graves malentendus. A présent, je dois admettre que ce fut une expérience intéressante et utile aussi parce qu'elle m'a aidé à comprendre plus en profondeur la culture occidentale."

En effet, on vous considère comme l'un des designers japonais les plus éclairés, précisément parce que vous êtes ouvert à la culture de l'Occident. Qu'est-ce qui a changé au niveau des rapports entre Etats-Unis et Japon? Une dépendance culturelle du Japon existe-t-elle encore ou pense-t-on que les produits japonais, et plus particulièrement ceux de Toyota sont indépendants?

"Je pense qu'au siècle dernier il y avait davantage la tendance à reconnaître la provenance des produits, à en discerner l'origine ou l'originalité. Ce qui ne nous favorisait pas: nous ne jouissions pas d'une 'bonne renommée'. Les gens, dans la voiture qu'ils achetaient, voulaient y reconnaître un pays, sauf que le nôtre était souvent associé à l'imitation. Dans le nouveau siècle, je crois qu'il est important de

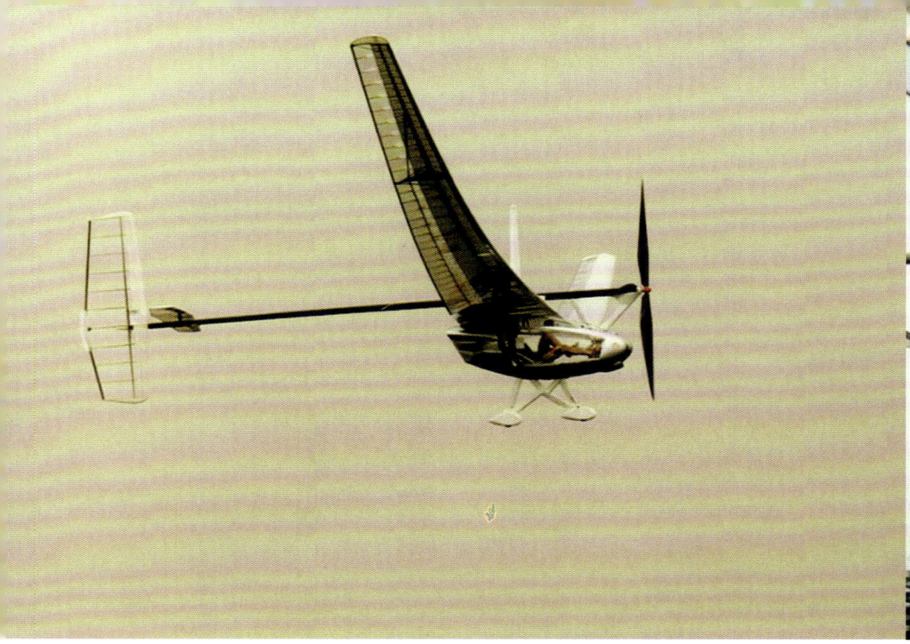

quando tornai in California per aprire il Centro del Calty, le maggiori difficoltà le incontrai lavorando a stretto contatto con la realtà americana e in particolare con i designer locali. Spesso accadeva, soprattutto all'inizio, che tra noi sorgessero forti malintesi. Ora debbo ammettere che quella fu un'esperienza interessante e anche utile perché mi aiutò a capire più in profondità la cultura occidentale."

A lei viene infatti riconosciuto di essere uno dei designer giapponesi più illuminati, proprio perché aperto alla cultura dell'Occidente. Che cosa è cambiato nella sfera relazionale tra Stati Uniti e Giappone? Sussiste ancora una dipendenza culturale del Giappone oppure pensa che i prodotti giapponesi, e in modo particolare quelli della Toyota, siano indipendenti?

"Penso che nel secolo scorso ci fosse più la tendenza a riconoscere la provenienza dei prodotti, a individuarne la loro origine o originalità. Ciò per noi non era positivo: non godevamo di 'buona fama'. La gente, dentro l'automobile che acquistava, voleva riconoscere un paese, solo che il nostro spesso era associato all'imitazione. Nel nuovo secolo credo sia importante comunicare con i prodotti una serie di cose: la cultura were often faced with serious misunderstandings. Today I have to admit it was an interesting and even useful experience because it helped me gain a better understanding of Western culture."

And in fact you are recognised as being one of Japan's most enlightened designers because you are very open to Western culture. What has changed in terms of Japanese-American relations? Is there still a cultural dependence in Japan or do you think Japanese products – and in particular Toyota products – are now independent?

"Last century I believe there was more of a tendency to distinguish where products came from, to identify their origin and originality. For us this was not positive: we did not have a 'very good reputation". When people bought a car they wanted to recognise a country, but the problem was ours was often associated with imitation. In this century we believe it is very important to communicate a number of things with products: the culture from which they originate, the one they are intended for, an unmistakable stylistic-technological identity. Today, thanks to our Design Centres throughout the world, we can focus our efforts on a fusion of cultures by creating cars that are not specific to communiquer à travers les produits plusieurs choses: la culture d'où ils proviennent, celle à laquelle ils sont destinés, une unicité stylistique et technologique claire. Aujourd'hui, nous avons la possibilité de travailler beaucoup sur la fusion des cultures, grâce à nos Centres de Style dans le monde: cela nous permet de créer des voitures spécifiques non seulement pour le pays où ils se trouvent, mais aussi de créer, dans nos marques, un mélange de cultures. Il est évident que l'influence qu'ont exercée sur nous les produits américains ou leur culture est fondamentale. Même si la façon dont nous sommes entrés en contact avec cette culture a toujours été difficile et conflictuelle. Ce n'est qu'après la Seconde guerre mondiale que nous avons commencé à connaître leur production. Le design qu'elle exprimait déjà à l'époque était vraiment intéressant, surtout dans les objets de l'industrial design."

Que représente pour vous la voiture vue comme objet?

"L'un des objets les plus proches de l'être humain que l'homme ait inventé. Elle signifie liberté, mais aussi expression des propres inclinations, des modes qui passent. Personnellement, j'aimerais prendre une voiture et rouler par

Un volo medio del velivolo "a pedali" dura pochi minuti. Sopra, il modello più recente.

On average a flight in the pedal-powered plane lasts just a few minutes. Above, the latest version.

Un vol moyen de l'avion "à pédales" dure quelques minutes. Ci-dessus, le modèle le plus récente.

dalla quale provengono, quella a cui sono destinati, una chiara loro unicità stilistica e tecnologica. Oggi noi abbiamo la possibilità di lavorare molto sulla fusione delle culture, utilizzando i nostri Centri Stile nel mondo per creare vetture specifiche non solo per quel paese, bensì per sviluppare e comunicare un mix di culture racchiuso nei nostri Marchi. È chiaro che l'influenza che abbiamo ricevuto dai prodotti americani o dalla loro cultura è fondamentale. Anche se il modo con cui siamo entrati in contatto con questa è stato sempre difficile e conflittuale. È dopo la Seconda guerra mondiale che abbiamo iniziato a conoscere la produzione degli Stati Uniti. Il design che questa esprimeva già a quel tempo era davvero interessante, soprattutto negli oggetti dell'industrial design."

Che cosa è per lei l'automobile intesa come oggetto?

"Uno degli oggetti più vicini all'essere umano che l'uomo stesso abbia inventato. Significa libertà, ma è anche espressione delle proprie inclinazioni, delle mode che passano. Personalmente mi piacerebbe prendere una vettura e andare in giro per il mondo, perché l'automobile simboleggia la circolazione, il viaggio, la comunicazione diretta senza interruzione, fra i luoghi e i popoli."

E l'automobile più bella?

"Difficile dirlo, soprattutto se osservata soltanto da un punto di vista estetico. Molte vetture hanno un carattere interessante; al di là di questo, però, un'automobile è bella se racchiude dei contenuti intelligenti. Le Ferrari o le Lamborghini sono bellissime, affascinanti, ma per i loro contenuti sono anche poco interessanti. Invece, una vettura di piccole dimensioni, con prestazioni e tecnologie di altissimo livello e che può essere acquistata da tutti, diventa bella agli occhi di colui che la possiede. È per questo motivo che io preferisco le

any one country's culture but that are created and communicate a cultural mix as expressed by our brands. Of course the influence of American products or American culture has been fundamental. Even though our initial contacts with this culture were always marked by difficulties and conflict. We only began to really get to know their production after World War II. And the design aspect was really interesting even at that time, above all in objects created by industrial design."

How would you define a car, I mean in terms of it being an object?

"One of the objects closest to man that man himself invented. It signifies freedom, but it's also an expression of one's own preferences, of passing fashions. Personally I would like to get in a car and take a trip around the world, because for me cars symbolise moving around, travelling, direct and uninterrupted communication between places and peoples."

And the most attractive car?

"It's difficult to say, above all when only judged from an aesthetic standpoint. Many cars have an interesting personality; but apart from this, a car is attractive when it includes intelligent content. For instance, Ferraris and Lamborghinis are really attractive but as for their content, it's not very interesting. Instead a small car offering very high performance and technological content, and that anyone can afford to buy, is attractive in the eyes of the person owning it. This is why I prefer European to American cars."

What do you love most about your work?

"What fascinates me most is to see an idea – even one full of defects but even so interesting – grow and develop to the point that it takes shape and finally becomes an object, such as a car hundreds of thousands of people will drive. Instead there are times when despite all

le monde, parce que l'automobile symbolise la circulation, le voyage, la communication directe sans interruption, entre les lieux et les peuples."

Et l'automobile la plus belle?

"C'est difficile à dire, surtout lorsqu'on l'observe uniquement d'un point de vue esthétique. Les voitures qui ont un caractère intéressant ne manquent pas; mais à part cela, une voiture est belle si elle a des contenus intelligents. Les Ferrari ou les Lamborghini sont magnifiques, séduisantes, mais peu intéressantes sur le plan de leur contenu. En revanche, une voiture de petite taille, avec des performances et des technologies de très haut niveau et qui peut être achetée par tout le monde, devient belle aux yeux de celui qui la possède. C'est la raison pour laquelle je préfère les voitures européennes aux américaines."

Qu'est-ce qui vous plaît le plus dans votre travail?

"Ce qui me séduit le plus c'est voir une idée, à la rigueur pleine de défauts mais intéressante, se développer et s'affiner jusqu'à prendre une forme et qui finit par devenir un objet, comme une voiture que conduiront des centaines de milliers de personnes. Il y a des moments, au contraire, où, malgré tous les efforts, il n'y a pas moyen de faire fonctionner les choses, de les transformer comme on le voudrait. C'est là un des points critiques du processus créatif, mais c'est un aspect qu'il faut savoir affronter."

Quel rapport avez-vous établi avec vos collaborateurs?

"Un rapport basé surtout sur la collaboration réciproque. Je suis très ouvert à leurs propositions que je considère comme une partie fondamentale du processus créatif. J'estime que concevoir une voiture est une coopération tissée de cultures et de mentalités de personnes différentes. Ceci vaut aussi

automobili europee a quelle americane."
Che cosa ama di più del suo lavoro?
"Ciò che più mi affascina è vedere un'idea, magari piena di difetti però interessante, che cresce e si affina sino a prendere una forma e diventa alla fine un oggetto, come un'automobile che sarà guidata da centinaia di migliaia di persone. Ci sono invece momenti in cui, nonostante tutti gli sforzi, non c'è modo di far funzionare le cose, di trasformarle secondo i nostri desideri. Questo è uno dei punti critici del processo creativo; tuttavia, è un aspetto che bisogna sapere affrontare."
Come ha impostato il rapporto con i suoi collaboratori?
"Soprattutto sulla collaborazione reciproca. Io sono molto aperto alle loro proposte, che considero una parte fondamentale del processo creativo. Ritengo che progettare un'automobile sia una cooperazione intessuta sulle culture e le mentalità di persone diverse. Ciò vale sia con i miei collaboratori a Nagoya che con quelli che risiedono negli altri Centri di Tokyo e del mondo. C'è uno scambio continuo di idee, opinioni, impressioni, su tutto. È importante che da tutto ciò il processo creativo sfoci nel prodotto che si desidera ottenere nel rispetto della nostra filosofia, per cui le Toyota di oggi e di domani siano compatte, efficienti e razionali."

efforts it's just not possible to make things work, to transform them to match what we have in mind. This is one of the most critical points in the creative process, but it's an aspect we have to come to terms with."
What kind of relationship do you establish with your colleagues?
"Above all one of mutual cooperation. I'm very open to their proposals and believe these are an essential part of the creative process. I believe designing a car involves cooperation that interlaces the cultures and mentalities of different people. And this means with both my colleagues at Nagoya and those in our other centres in Tokyo and around the world. There's a continual exchange of ideas, opinions and impressions on all fronts. The important thing is that the creative process leads to the product we are aiming for and is in line with our philosophy, namely, current and future Toyota cars must be compact, efficient and rational."

bien pour mes collaborateurs à Nagoya que pour ceux qui travaillent dans les autres Centres de Tokyo et dans le monde. Il y a un échange continu d'idées, d'opinions, d'impressions surtout. Il est important que tout cela fasse en sorte que le processus créatif débouche sur le produit que l'on désire obtenir dans le respect de notre philosophie, à savoir que les Toyota d'aujourd'hui et de demain soient compactes, performantes et rationnelles."

Crediti

Tutte le immagini, escluse le fotografie in bianco e nero di Marzia Gandini, sono state messe a disposizione da Kazuo Morohoshi e dalla Toyota Motor Corporation. Un ringraziamento a tutto il team del Design Toyota di Nagoya e Tokyo, e specialmente a Isao Sasaki e Atsushi Nishimura; alla Direzione della Comunicazione di Toyota Motor Italia e a Tateo Uchida per l'assistenza in Giappone.

Credits

All photos, excluding the black and white photos by Marzia Gandini, have kindly been made available by Kazuo Morohoshi and Toyota Motor Corporation. Many thanks to Toyota's Nagoya and Tokyo design teams and especially to Isao Sasaki and Atsushi Nishimura; to Toyota Motor Italia's Communication Department and to Tateo Uchida for his help in Japan.

Crédits

Toutes les illustrations sauf les photographies en noir et blanc de Marzia Gandini, ont été mises à disposition par Kazuo Morohoshi et Toyota Motor Corporation. Un remerciement à toute l'équipe du design Toyota de Nagoya et de Tokyo et, tout particulièrement, à Isao Sasaki et Atsushi Nishimura; à la Direction de la Communication de Toyota Motor Italia et à Tateo Uchida pour l'assistance au Japon.